アユと日本の川

栗栖健

築地書館

はじめに

近年、都会を流れる川にアユが戻り、市民の間で話題になることがある。関東の多摩川には年によっては100万匹以上の天然アユが遡上し、汚れのひどさで有名になった奈良、大阪の大和川では産卵、ふ化を確認。その復活をマスコミが取り上げるのも、アユだからこそだ。彼らは昔から清流の象徴だった。今も川の美化を呼びかける子どもたちのポスターによく描かれる。

日本人のアユへの思いは、各地で行政を動かし、遡上を拒んできた井堰を改良し魚道を新設する運動の推進力にもなった。反面、「釣れなくなった」「味、香りが落ちた」という声も耳にする。アユが語る今の川の状況は複雑で流動的だ。現在、川は、特に都市部では、人の日常生活から遠くなり、子どもたちは流れで遊ばない。都市住民は、川について考えるきっかけさえ持てないのが現状だろう。

アユをはじめとする川の生き物たちの世界、そして人とのかかわりを知れば、流れを身近に感じられ、川を守り将来へ伝えることに目が向くのではないか――少年のころ、川遊びで夏の日々を過ごした筆者が、彼らのことを紹介しようと思い立った動機である。

アユは、日本の川に多い、短い急流で育つ魚だ。美しさ、香りに加え、その生態からもわが国を代表する川魚とするのにふさわしい。命はわずか1年。この魚に日本人は昔から愛情とこだわりを感じてきた。

本書の舞台にしたのは、筆者が住む奈良県五條市を流れる大和・吉野川だ。紀伊半島にある日本列

「桜アユ」が育つ吉野川。かつては右の岸沿いを、伐出した吉野杉を筏に組んで下っていた（下市町）

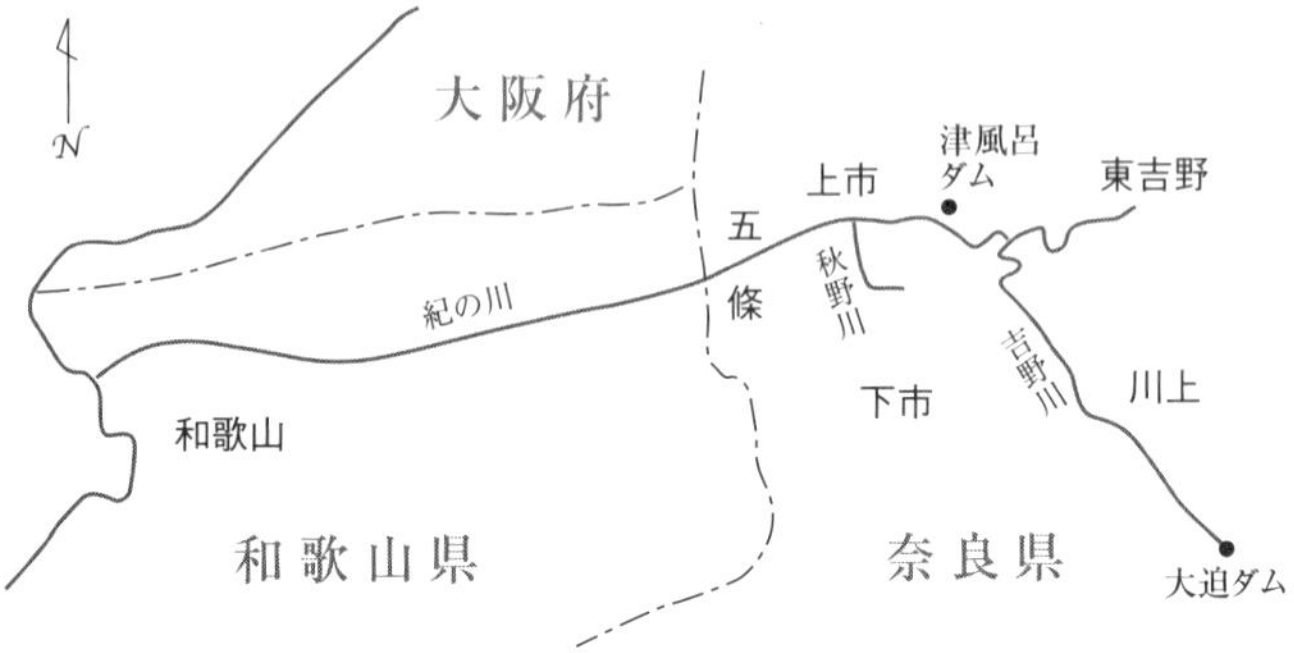

島一の豪雨地帯・大台ヶ原を源とし、吉野杉、ヒノキの美林が広がる山々の間を下る。その流れは、日本一の桜の名所・吉野山のふもとを巡り、列島最大の断層・中央構造線を西にたどって、和歌山平野をうるおし、最後は紀伊水道に注ぐのだ。和歌山県に入ると、紀の川と呼ぶのが古くからの習わし。長さ１３６キロメートルはほぼ多摩川並みだ。奈良県内の流域は五條市と吉野郡、河川形態は上流、中流型である。

　古代、飛鳥の宮人たちにとって、南の峠の向こうにあるこの大きな川は、水源、川そのものの象徴だった。雨が少なく、田に引く水の確保に苦労した奈良盆地の人々は、吉野川の水を司る水分《みくまり》山に降雨を祈ったのである。万葉歌人たちはこの川を、清き流れ、とたたえた。吉野川は、日本人が古代から心の中で受け継いでいる川の原風景に投影している。現在は奈良盆地へ水道用、農業用に分水されて送られ、ニュータウンなどの盆地住民にとっても母なる川。その急流が育てたアユの名声は、江戸時代中ごろにはすでに大阪でも高かった。「桜アユ」と呼ぶのは、川面を流れる吉野山の桜の花びらを食べるから、というゆかしい伝承も伴う。吉野川のアユが名高いのは、この川が日本の川らしい川であることを示している。

吉野川にも今、わが国の他の川の上・中流域が持つ問題がある。土砂で埋まった源流の谷、聞こえなくなったカジカガエルの声……。今でも上水道の良い原水とされている水でさえ、かつてを知る人は「汚れた」と嘆く。母なる川は、いささか疲れているようだ。吉野川を見ても、我々は、川の当面

吉野川のほとりに咲く桜の花。吉野山はさらに上流だ（下市町下市）

の利用を優先させ、つけを後世に回しているのではないか、という思いを抑えられない。アユなどの生き物たちは、川の変化を敏感に反映している。彼らは、川が水源から河口まで一体であることも語っているのだ。川はそれぞれ個性的であるが、以上のような事情は、アユが分布する川では共通するところが多いはずだ。本書では、アユらを案内役に、吉野川の現状を訪ね、それを土台に、次の世代に渡すべき川の在り方を考える手がかりを探そうと試みた。

下流、都市に住む人たちにこそ、この本を読んでいただきたい、というのが筆者の願いである。川の将来を考えるには、保水力がある山林の構造、それを守る山村経済の在り方、山村と下流・都市との支援・協力関係、ダムの扱い、さらには都市での廃水処理と河川水の浄化、節水・再利用の方法などの検討も必要だが、本書では立ち入れなかった。

本書は毎日新聞奈良面に2004年10月15日から2006年3月31日まで、66回にわたって連載した「よみがえれ清流―吉野川物語」をもとに、各地の川の状況も見ながら加筆修正したものだ。文中の「このごろ」「○年前」などの時期は、基本的に連載掲載時を基準にしている。読みやすさを第一に考え、意味が通じれば、そのままにした。

話を聞かせていただいた方たちの消息、肩書も、多くは連載時のものである。失礼をお詫びするとともにご了解願いたい。

連載中、ご指導いただき、励ましてもいただだいた御勢久右衛門《ごせきゅうえもん》・奈良産業大学名誉教授は、2006年11月13日に亡くなられた。ご冥福をお祈りするとともに、本書が、生涯を吉野川とともに生き、その自然史に精通しておられた先生のご指導にこたえられたか、読者諸賢の評価を仰ぎたい。先生には連載中から「まとめてみたら」と言っていただいていた。元々、奈良面での連載だったのでどうしたら地域的な制約を越えられるか、とためらってもいた私の背中を押してくれたのは、専門家である先生のその一言だった。本書を出版物に採用していただいた築地書館の土井二郎社長にお礼を申し上げる。

2008年2月

栗栖　健

目次

1 アユ

2 川の生き物と人の暮らし

第1章

アユ

香りは命

アユは、日本人にとって、今日でも特別な川魚だ。川が日常生活の中で遠くなり、淡水魚は特有のにおいが敬遠されるようになっていても、都会のスーパーの食料品売り場に並べられる数少ない川魚の一つである。「川魚の王」と呼ばれてきたのは、何よりも美味だからだ。きれいな川の象徴にされる一方、彼らには——大きさ、形、色、数などのほか、感覚に個人差がある味、香りにも—現在の川の状況が集約している。

アユは漢字で鮎。「香魚」「年魚」とも書く。香りは、美しい姿、味、季節感などとともに、アユの魅力だ。アユの命とする人も多い。年魚は、1年の命を表す。

子どもの時から吉野川でアユ釣りをしてきた吉野町上市、島田吾一さん（1920年生まれ）によると「アユが多い川は、河原にいてもキュウリかスイカのようなアユの香りが漂ってくる。瀬なら少し離れていてもわかる。淀みでは少ない」。アユにはほかの淡水魚のような生臭さが少ない。奈良産大名誉教授、御勢久右衛門さん（1926年生まれ）＝生態学＝は、吉野川のほとりの五條市本町で育った。後にこの川で底生昆虫を研究し理学博士となる少年は、瀬で泳ぎながら針でアユを引っ掛け、

美しい姿をしたアユ。日本の川魚の代表にふさわしい。「細鱗魚」と呼ばれるわけもわかる。サケのように背びれの後ろに小さなあぶらびれがある（御勢久右衛門さん提供）

そのまま口にくわえて川を下った。「口いっぱいにアユの香りが広がった」

　アユの香りは体の表面にある。古い釣り師たちは、香りには川の様子が表れている、と言う。いいアユは香りが高く、それはいい川に住んでいる証《あか》しである、水が汚れると香りが薄れる、ということは、経験からくる彼らの常識だ。アユの主な食物は瀬の石に付く珪藻《けいそう》、藍藻《らんそう》（水あか）である。藻がついた瀬を上から見ると、川底が黒っぽく見える。アユの香りの源は、その中の珪藻、と考えられてきた。藍藻は水道水の悪臭の原因になることもある。ただ、珪藻の香りがそのままアユに移ったとすると、説明しにくい点もある。釣り師たちも「珪藻が付いた瀬の石をかいでも、キュウリのにおいはしない」と言う。アユが、まだ動物質の餌を食べている小さいうちからキュウリのようなにおいがすることも直接説には不利だ。琵琶湖で一生を送るコアユは、小さいうちは香りがあるのに成長すると消えるという。一方、川を上り藻を食べるようになったアユは香りが強くなることを否定する人は、取材した釣り人、研究者にはいなかった。コアユも、川に入ると香りがしてくる。アユの香りは、微妙だ。

主な餌になる2種類の藻には、川の環境が反映している。珪藻と藍藻の関係を御勢さんは「水が有機物で汚れたり、濁って石がシルト（粘土粒子）に覆われると、珪藻が減って藍藻が増える」と説明した。谷幸三・大阪産大講師は「珪藻から藍藻に代わる仕組みは科学的に証明できていない部分があるが、泥に覆われた藻の下は止水に似た環境になり、富栄養状態になる」と言う。

アユのおいしさの元である胆のうの苦味も藻を食べると出てくる。藻は消化しにくいからだ。

1990年ごろ、ある釣り好きから「いいアユがいるのは、上流の山林針葉樹に広葉樹が交じって安定した天然林で、少々の雨では濁り水が入らないような川。吉野川にいくらも残っていない」という話を聞いた。そのような川では、やはり珪藻がよく育つ。自分の釣りだけが頭にあり、そのためにはかなり勝手なこともしてきた男で、それだけに妙な説得力もあった。アユは水源の森林の様子も語っている。

アユ　キュウリウオ科。大きなものは吉野川でも30センチほどになるが稀《まれ》。琵琶湖のアユは湖を海の代わりにして繁殖する。中国では「鮎」の字はナマズを指し、アユはやはり「香魚」だ。わが国で「鮎」を

当てるのは、『日本書紀』にある、神功皇后《じんぐう》が佐賀県・玉島川で飯粒を餌にして「細鱗魚（アユ）」を釣り、新羅への出兵の是非を占った話に由来する、という説がある。ただ、その話を字の起源にすることを疑問視する研究者もいる。

日本の川の象徴

アユは日本列島の川を象徴する魚である。彼らは秋、流れを下って中〜下流で産卵し、ふ化すると稚魚は降海して波打ち際などで越冬、晩春から初夏にかけて川を遡上《そじょう》する回遊魚だ。１年の寿命のうち、川にとどまるのは５カ月余り。川では主に中流域の瀬を生活の場とする。以上のような生態は、わが国の川の形状によく適合し、結びついている。

わが国の川は、大陸に比べて水源の山地と海が近いため短く、急流が多いのが特徴だ。これはアユにとっては都合が良い。生活の拠点とする中流域まで海から上りやすいからだ。逆に長さ何千キロメートルの大陸の川では、石に藻が付く中流域まで上るのも大きな負担だ。親魚は産卵のため長い距離を下る必要も出てくる。わずか１年の生涯でやりとげるには大きすぎる仕事だろう。

やや増水した吉野川。アユ釣りファンが集まるのはこの一帯。写真では見えないが右のほうに行くと吉野山

実際、アユの分布は日本列島と朝鮮半島、台湾（現在は絶滅）と中国大陸の山東半島、遼東半島、福建省など、山が海に迫っている地域に限られる。アユは、中流域が海からはるかに隔たった中国大陸の大河には分布しない。アユを日本列島の川の象徴という理由だ。

アユが産卵するのは「底に石の多い中流域から、砂泥の多い下流域にうつる境界の所」だ（宮地伝三郎『アユの話』岩波新書）。御勢さんによると、吉野川での産卵は、本流に支流の高見川が合流する中流の吉野町国栖《くず》あたりから見られ、中心は下流の和歌山県・岩出辺りである。潮が影響する所までは下らないが、なるべく海に近い所で産卵するほうが体力のない稚魚が海に出る助けになる。産卵のため下っている水中のアユには、自分がいる位置と海までの距離は分からないはずだ。御勢さんは川底の石の状態で産卵場所だと判断するのだろうと言う。

これがゆかしい伝説を伴う吉野川の「桜アユ」（吉野町上市で）

　吉野川は、源がある川上村の大滝周辺から和歌山県境まで典型的な中流の河川形態が続く。吉野町上市はほぼその中央部。ここの古い釣り師たちは、春になると和歌山の海からはるばるとアユが上ってくることを知っていた。その時期を、島田吾一さんは「カジカ（ガエル）が鳴き、田に水を引くころ。菜の花が咲くころからぼつぼつと。昔はずいぶんいた。大きいのは4、5寸（15センチ余り）くらいあった」と表現した。菊本和男さん（1924年生まれ）によると「桜の花が咲くころ。タバコより大きかった」になる。

　川上村神之谷《こうのたに》の明神滝は源流域の三之公《さんのこ》川の奥にある。滝の左岸は1999年度から村が公有化した天然林「水源地の森」だ。同村白川渡《しらかわど》、山口梅次郎さん（1920年生まれ）は「昔から天然のアユが明神滝まで上ってきて滝つぼの底の石をくるっと回って帰るといわれていた」と言う。「アユ伝説」の一つだろうが「昔は何匹か、来ていたのだろう」と山口さん。人々の「アユならやる」との思いが伝わってくる話だ。

回遊　魚などが産卵や餌を取るため、決まった時期に決まった方向に移動すること。川と海の間を往復する型には、アユのように川で成長して産卵し、一時的に海に出てまた川に戻る両側回遊、ウナギのように川を生活の場とし、産卵は海でする降河回遊、サケのように海で生活し、産卵のため川を上る遡河回遊がある。

古代から特別な魚

アユは古代から、川魚の中で特別扱いだった。奈良時代初め、713年の天皇命により編集された『出雲国風土記』は、川の説明に「年魚《あゆ》」がいるかどうかを、入れた。関心度は、出雲の川にも上るサケに優先する。

アユは吉野川を代表する魚だ――少なくとも人間の側から見れば。古くは奈良時代に完成した『万葉集』に、大宰師《だざいのそつ》になった大伴旅人が「年魚走る芳野の瀧《たき》」と、吉野川に面した吉野離宮をしのんだ歌がある。「瀧」は急流。宮があったのは、吉野川北岸の吉野町宮滝《みやたき》というのがほぼ定説だ。宮滝の

吉野町宮滝の吉野川。左から流れ込んでいる喜佐谷《きさだに》川が万葉歌の「象《きさ》の小河」だ。大伴旅人は九州の大宰府で「もう一度見たい」と詠った

対岸には吉野川の水分山だった青根ヶ峰（858メートル）が円錐型の端正な姿をのぞかせている。江戸時代末の奈良奉行、川路聖謨《かわじとしあきら》は、五條代官からアユを贈られて日記に「吉野川の鮎ことによき味なり、江戸の玉川の類にあらず」と書いた。「あなうまし　さくら山吹ちりてのち　吉野の河のはなの若鮎」の歌も詠んでいる（『五條市史』上巻）。玉川、つまり多摩川のアユは、昭和初期でも全国でベスト8に入っていたのだが。川路は後に外国奉行となる。江戸開城決定の知らせを聞いた翌日、自ら命を絶った。

吉野川のアユは、今では「桜アユ」の名で知られていることは前文でも紹介した。ただし吉野山の桜の花びらを食べるとは、生態からは考えられない。名物として広まったその名を飾るために付けた話だろう。吉野山地への入り口に位置する下市（下市町）は、上流の上市（吉野町）とともに、中世後期から吉野川流域

の物資集散地として発達、江戸時代に入ると有力町民が、わが国初の手形とされる「下市札」を盛んに発行した。山地でも持ち運びしやすいためだ。その賑わいぶりとともにアユの評判も広まっていったのだろう。

日本人が古代からアユを特別扱いしたのは、身近にいたことも理由の一つだ。アユは今では清流の魚のイメージが強いが本来、中流の魚である。中流域は長い間、人の生活の中心だった。現在のように河口に近い沖積地に本格的に農地が開かれ都市がつくられたのは、近世・江戸時代になってからだ。

御勢さんは「自分の感じでは、アユがいるのは人が住んでいる所の川。そこでは人家、田畑から川に栄養分が流れ込む。水があまりきれいだと餌にする水あかが生えない。アユの分布はゲンジボタルと重なる」と言う。

吉野川で研究をした淡水生物研究所長、森下郁子さんも「田んぼで米がつくれるような気候の所、つまり照葉樹林帯の魚だ。いいアユがいるのは、川底に食物にする藻が付く大小の石があり、水面が広く1日8時間以上日照がある川」と説明する。それらの条件を満たしているのは中流だ。

アユには、人間が利用する点からも好都合な生態がある。

生物のエネルギーの源は陽光だ。川の中でも事情は同じ。植物の藻が水中の炭酸ガスを取り入れて有機物を光合成し、食物連鎖の土台となる。藻を消化できるアユなどの魚や川底に住む昆虫が食べ、さらにそれを肉食の魚などが食物にする。吉野川で長年、底生昆虫の研究をしてきた御勢さんは「藻が取り入れたエネルギー、物資は次の段階に移る時にかなり減る」と指摘する。藻を直接、食物にできるアユに、その無駄はない。

アユは、瀬の付着藻を食べて大きくなる。口の形は、石に付いた珪藻などを剥ぎ取るため特殊化し、歯がくしの歯のように並んでいる。明るい間に1日10時間も食《は》み続け、体重の40～50％の量を食べる。3カ月ほどでタバコ大から15～20センチにも成長する。これほど短い間にこのように急成長できる川魚は、ほかにはいない。栄養価が高い餌を取る肉食魚以上の成長を可能にしたのは、独特な餌の利用法だ。

アユが川にいる夏は藻の成長が速い時期だ。しかも、藻はアユがこそげ落とすとよく成長する性質がある。表面の老化した藻が取り除かれ、成長盛んな若い藻が水中の栄養分と陽光のエネルギーに接しやすくなる。アユは自分で川の生産力を高め、利用しているかたちだ。藻はアユが食べても、夏なら2日ほどで回復する。

御勢さんは「肉食のアマゴが、釣りの対象になるアユの大きさに育つまで3年はかかる。この点を見ても、人間にとってアユは昔から大切な魚だった」と言った。

アユは、川魚の中で、人間に最も効率的に動物性たんぱく質を提供できる魚だったのだ。しかも、餌は人間には食用にできない藻である。これも日本人がアユを特別な魚にした要素だっただろう。

1944年、36歳でマリアナ諸島方面で戦死した可児藤吉は、同年発表の論文「渓流棲昆虫の生態」で、川を早瀬、平瀬、淵の3区域に分けた。早瀬は浅く、流れが急で白波が立ち、底は大きな石が積み重なってすき間がある「浮き石」になっている。平瀬は小波が立ち、底の石は小さくて砂に埋まった「はまり石」状態だ。淵は深く、波も立たず緩やかに流れて底は砂か泥だ。

浅い早瀬は日の光が底まで多く届く。藻、特に珪藻がよく育つのは白波立つ早瀬だ。アユの急成長は早瀬の藻生産力と切り離せない。

可児藤吉　岡山県出身。京大、同大学院に進み渓流の生態学的研究を進める。川は瀬と淵で構成されていて1組の「瀬から淵まで」が川の構成単位、とし、川を一つの湾曲区間内に瀬と淵が複数組あるA型（上流）、1組だけのB型（中、下流）に分けた。一方、瀬から淵への流れ込みを、急な順にa（落ちこみ型早瀬）、b、c型とし、両者を組み合わせて河川形態型を示す方法を考えた。Aaは上流、Bbは中流、Bcは下流に相当するとしている。

友釣りは日本独特

アユの生態で大きな特色は、餌の藻を確保するため縄張りをつくることだ。今ではアユ漁の主役に

釣り人と水泳客（吉野町上市で）。縄張りをつくったアユは人が泳いで通っても少々のことでは逃げ出さない。友釣りもできるのだ

なっている友釣《ともづ》りは、この習性を利用している。縄張りの中で、体の後ろに針を流したおとりアユを泳がせると、主の野アユが追い出そうと体当たりをしてきて針に引っ掛かる。アユの習性に通じていることが必要で、繊細な釣りだ。アユは朝鮮半島、山が海に近い中国沿岸の川などにも分布するが、友釣りは日本独特の漁という。

　アユが主に縄張りをつくるのは、餌の藻がよく繁殖する瀬である。瀬でも、大きな石が重なり藻が育ちやすい早瀬は一等地。石が砂に半ば埋まった平瀬は劣る。アユが縄張りをつくるのはその中の藻を独占するためだ。藻が豊富な早瀬では狭く、平瀬では広くなる。周囲の淵などには、縄張りに入り込もうと狙うはぐれアユたちがいる。島田吾一さんは「アユ釣りは10歳過ぎからぼつぼつとやっていた。おじさんたちがやっているのを見よう見真似で。段引《だんび》き、友釣りのどちらもやった」。縄張りと川底の関係について「友釣りで1匹釣ると、条件の悪い場所にいたほかのアユが縄張りに入り、また釣れる。友釣りで釣れる場所はだいたい決まっている。場所が大事。底が、岩か、大きな石でないとだめ。大水が出て水あかが流されても、生えるとまた新しく縄張りをつくる」と説明した。小学生の時、アユ釣りを始めた下市町新住《あたらすみ》、今井清三郎さん（１９２７年生まれ）も、いい川底を「いちばんいいのは玉石がごろごろしている所。次はなめらかな岩。水あかがよく付く。ガチャガチャした岩には付かない」と表現した。アユの縄張りへの執着は強く、アユ釣り師として知られている新住の内科医、澤井冬樹さん（１９５０年生まれ）には「子どもがバシャバシャやっていても30分もしたら元の所に戻る。カヌーが通ったくらいならすぐに」という体験がある。

島田さんが言った「段引き」は、ほかの川では「ころがし」と呼んでいる所が多い釣り方である。錨《いかり》形に結んだ針を何本も糸に付け、川の中をしゃくってアユを引っ掛ける。

アユの縄張りは、生物全体の中でも特殊だ。縄張りは、哺乳類、鳥、魚から虫までつくる。目的は繁殖か餌の確保だ。食物のための縄張りは、肉食動物が狩り場を守るためつくる場合が多く、アユのように植物食でつくるのは珍しい。しかも京大理学部グループが丹後半島の宇川などで行った研究では、1匹がつくる縄張り内の藻の量は数匹が生きられるほどあることが珍しくない。奇妙なことに、ある程度生息密度が高くなると縄張りがほかのアユの侵入で壊れ、全部が群れ行動をするようになった結果、縄張り内で放置されていた藻もほかのアユが食べて活用されるため、逆に全体の平均体長はよくなる。不合理なようだが、縄張りはアユが川の瀬という狭い環境を利用するようになった中で成立し、このおかげで長い進化の歴史の中で幾度もあった藻不足時にも種を残せた、とも考えられている。

縄張りの面積は意外なほど狭く、「だいたい１平方メートル以内」であり、川の水温が上がって藻が生え始めると、餌を昆虫から藻に切り代え縄張りをつくることも分かっている（『アユの話』）。縄張りをつくったアユは藻だけを食べる。餌釣りはできない。

アユは敏捷だ。高さ40センチほどの障害物なら越えていく。フナなどのように子どもが網ですくうのはとても無理。今井さんは「竹に付けた針で引っ掛けても取った。アユの直前で『ここや』と掛けようとしてももう行き過ぎている。体１匹分前に合わせてちょうどだった」と言う。早瀬では網はまくれる。友釣りは、一等地に居ついた良質のアユを狙うのに適した漁法なのだ。

近年広まった友釣り

縄文時代初めにさかのぼる長い釣りの歴史の中で、友釣りは比較的新しい技だ。文献に紹介された

好ポイントを求め瀬に竿を出す釣り師たち（吉野町河原屋で。2007年5月26日の解禁日）

のは元禄5（1692）年の本草書、人見必大《ひとみひつだい》『本《ほん》朝《ちょう》食鑑《しょっかん》』が初めてとされる。同書では「京都の八瀬の里人は、長い馬の尾の毛におとりのアユを結びつけて谷川に入れ、自分は岸の草の間に立って近づいたアユを引っ掛けて釣る。上手な者なら1日に50～60匹も釣る」となっている。おとりの使い方は今と違う。「伊予（愛媛県）の大津の水辺でもやはり細い縄、竹ざおでアユを引っ掛けて釣る」とあるのは、「ころがし」釣りだろう。『食鑑』は、両方の釣りを「近ごろでは、餌をつけずに引っ掛けて釣る」と珍しそうに紹介している。アユは藻が増水で流されたり、縄張りが持てず淵でたむろしている時などは虫を食べる。餌釣りのほうが古くからあったのだ。

　吉野川で友釣りが広がったのも意外に新しい。「アユ釣りは27～28歳で人に教えられ病みつきになった」と言う大淀町下渕《しもぶち》、柳谷京和さん（1933年生まれ）

が最初にしたのは段引きだった。「友釣りする人もいたが主流は段引き。昔の釣り人は長い竹竿を持ち、足袋《たび》にわらじ、手甲脚絆《きゃはん》、たてつけパッチ姿だった。アユ釣りする者は遊び人みたいに言われたものだ。そんなに釣り人もいなかった。30年ほど前、大きな川でアユ釣りブームになった」。筆者はアユを操る友釣りは難しい。友釣りは難しいものと思っていたが、柳谷さんは「アマゴよりアユのほうが釣るのは簡単。段引きは難しい。友釣りが普及したのはやさしいから」とやや意外な説明をした。アユ釣りブームの引き金になった友釣りは、アユの力に頼る部分が大きい。上市の菊本和男さんも16歳の時、段引きでアユ釣りを始めた。「当時はアユを釣るのは商売人だけ。素人《しろうと》はあまり釣りに行かなかった。友釣りが広まったのはここ15年前から」

友釣りと段引きにはそれぞれの面白さがある、と釣り人は言う。島田吾一さんによると「友釣りの醍醐味は、かかって引っ張りあう時のやりとり。針は細かいから外れやすいし、糸は細いから切れる。段引きは糸が太いから掛かると逃げられない。いい時にはおもしろいほど釣れる」。今井清三郎さんは「好きずきだ」と言う。

今井さんは友釣りで次のような経験もしている。「釣っていると何かがパーッと来たので上げると、おとりの下半分が食いちぎられていた。『ウナギだ』と残った上半分に針を付けて穴釣りしたら長さ80センチ、２６０匁（９７５グラム）の太いウナギが掛かった。食べてもうまくはなかった。ウナギがどこにいるか分かっていたので穴釣りの用意もしていた」

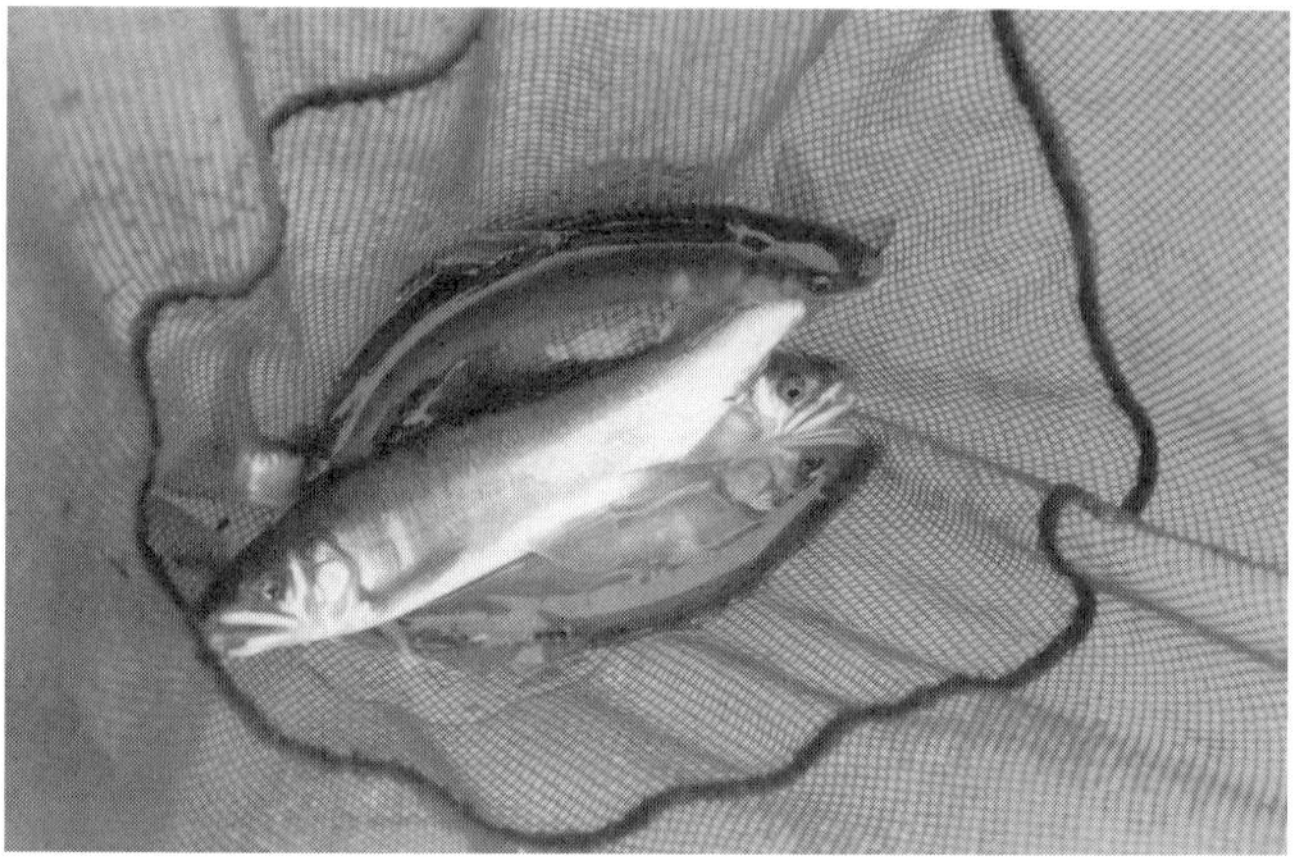
友釣りのおとりを追い、針に掛かったアユ（吉野町上市で）

ウナギがアユを好むという話は、各地の釣り人の間で伝わっている。下市町阿知賀《あちが》の北義宗さん（1942年生まれ）は2000年の7月、「ウナギが欲しい」と人に頼まれ、自宅裏の吉野川にモンドリを仕掛けた。モンドリは、一度入ったら出られないように、入り口にじょうごのようなかえしを付けた漁具。吉野川で取ったアユを1匹そのまま入れて餌にし夜、沈めておくと2〜3週間で16匹取れた。大きなものは長さ1メートル、2キロ400グラム、平均すると80〜90センチあったと言う。モンドリを置いたのは、とろ場の岸寄りの腰ぐらいの深さの所だった。そのころは若い釣り仲間も、アユの切り身を餌にしたはえ縄でウナギを釣っていたが、今はやっていない。「餌にするほどアユが取れない」のだそうだ。

筆者も、広島県・太田川の上流で育った父親から「釣ったアユをビクに入れていたら、護岸のために積

五條市の簗に上がった大ウナギ。アユはウナギの大好物だ。ウナギ釣りの最上の餌になる（2003年10月）

んだ岸の岩場の間から出てきたウナギにビクごと持っていかれた」という話を聞いた覚えがある。自分の体験ではなく、子どものころ大人から聞いたことのようだ。

激流では、友釣りの仕掛けにも特別の工夫が必要だった。難しい流れにわざわざ竿を出したのは、大アユが釣れるからだ。今井さんは「おとりアユが底に沈むように鼻環の30センチ先に鉛玉の重しをつけて泳がす。重しは普通は２匁（７・５グラム）～３匁だが、よほどの急流では５匁（18・75グラム）を付けた。おとりは流れに入れるとキリキリ回され、縄張りアユがいると一発で追いに来るが、いないとおとりはじきに死んでしまう」と説明。今井さんは、下市町の千石橋の下流のほか梁瀬《やなせ》橋（大淀町―下市町）から五條市島野町にかけての「吉野川筋でも特別荒い」急瀬でも「水加減がいい時」は友釣りをした。「ここは両側が絶壁になっており、流れは白波を立てている。釣るにも覚悟がいった」。今井さんは「こんな波が」と両手を広げて大きく上下させ、流れの激しさを表現した。急流で重しを大きくするのは、釣れるアユが大きいため、いい糸材料がなかった当時は太い糸を使い、流れを受けて翻弄されやすかったからでもある。

今井さんはほかの場所で水中眼鏡をかけて水中をのぞき、おとりと縄張りアユの関係を観察したこともある。「追い始めるのはおとりが縄張りに1・5～2メートルに近づいた時。2・5―3メートルなら知らん顔をしている」。川の状況にも左右されようが、ほかの川の調査でも似たような結果が出ている（『アユの話』）。アユたちの間でも「おとりが大きいと追いが悪い。なかには（暴れん坊の）森の石松みたいに向かってくるのもいたが」という関係があるそうだ。

段引き――吉野川らしい釣り

今井さんは小学3年ぐらいの時アユ釣りを始めてから、ずっと段引き中心だった。そのころ、段引きの道具は自分で作った。電柱の工事現場にあったナットを重りにし、針と糸は河原で拾った。釣り場は筏《いかだ》流しの難所だった千石橋上流の大瀬の「急流を上るアユが一休みする岩の間」。アユを魚屋に

段引き。吉野川でも流れがゆるやかな所では横に引いた（五條市で）

売ると「5～6匹で10銭くれた。1銭で飴玉が3個買えたころだ。大人だったらもっといい値だっただろうが」。それからも「糸の引き方がおもしろい」と段引きに磨きをかけた。

「ころがし」釣りを、吉野川で段引きと言うのは、川の状況を反映しているらしい。京都府の木津川や奈良県内の十津川《とつかわ》（熊野川）にも釣りに行った今井さんによると「浅くゆるやかな川では、流れを横切るように引くことが多い。吉野川では横引きと呼ぶが、急流だと流されてしまう。ここは流れが深くきついから、下流から上流へと縦引きする。引きと緩めを繰り返して段をつけるから段引きだ。先端の重りが川底すれすれで波を作るようにする。足場によっては上から下に引く逆引きもした。吉野川でも、浅く石が小さいちゃら場では横引きでもよかった」。吉野町上市の島田さんも「よそは横引きが多い。石の細かい所ではうちらもやるが、石が大きな所では縦引き。引き、重りの加減で底に掛かっても外しやすいようにできる。吉野川は大きな石が多いから。浅い急流では下から上へ、深いと重りで沈め上から下へ引く」と川と釣り方の関係を説明する。これまで見てきたように、川底の大きな石は急流の証しだ。

今井さんが大アユを狙った梁瀬橋から五條市島野町にかけての荒瀬の釣りは段引き中心だった。「アユは大きいがその代わり釣れない。1日に5匹も釣ると自慢できた」

アユの釣り方の違いには、それぞれの川の個性が出ている。

段引きに大物や多彩な外道

「針に掛かった時はコイと思った。しぶといからヒバチ（ニゴイ）とは違うし。そのままでは上がらないので100メートル下の浅い所まで竿を持って一緒に泳いだ。たも網に入れて、こんな大きなアユがいるのか、とびっくりした」——今井さんが体長32センチの巨アユを段引きで釣ったのは1975年ごろの9月中旬だった。場所は大淀町下渕の吉野川右岸にある巨大な岩の下流。深い淵の下手側で浅くなった駆け上がりだ。下りアユを狙っていた。「147匁（551・25グラム）あった。今でも忘れられん。写真に撮っておけばよかった」と今でも興奮が残る。成長したアユの平均的な大きさは普通は20センチほど。「あのころの吉野川の平均は25センチくらいだろう。今は小さくなった」と今井さん。この巨アユは食べてもおいしかったそうだ。今井さんは「アユは大きいほうがおいしい。みな同じ年齢だから」と説明した。

1969年に段引きで釣れた大アユ。この年、吉野川はアユが豊漁だった（今井清三郎さん提供）

１９６９年はアユが豊漁だった。今井さんは当時中学生だった長男が、段引きで釣った4匹のアユの写真を持っている。場所は下渕。「大きいのは30センチぐらいあるが、釣ったのは7月中旬だから、まだまだ大きくなったはず」と言う。

今井さんによると、竿先の動きで水中のアユの動き、針が掛かった位置も分かる。「友釣りだとおとりが追いかけられて逃げると、竿先がブルブル激しく動く」。段引きで「竿先が下流側に締め付けられる時は、背中に掛かった時。抵抗するのでうまく寄せんと失敗する。ビリビリしてすっと力が抜けた時は腹。頭の場合も力が弱い。ブルーンブルーンとなるのは尾」。

段引きに外道《げどう》（狙ったアユ以外の魚）は付きものだった。引き具合でその魚の種類もある程度は見当がついた。「コイは掛かるとまっすぐ走り、糸がビビッと鳴る。ニゴイはぐっと来て底に潜り、上流に行く。アユは小さくても力が強く、ハエとの区別はつく。ハエ、ネホ（カマツカ）、トグッチョ（ムギツク）かどうかは上げてみないと分からないが」

カマツカは、普段は砂底の上にいる。体の色も、いつも水に流されて動いている砂に似ていて見つけにくい。

ムギツクは、背がチョコレート色で、5センチぐらいに育つまでは体側にある紺黒色の縦帯が目立ち、ひれ先はオレンジ色。地味な魚が多い日本の淡水魚の中では珍しく美しい魚だ。石の間に潜み、人が岸から身動きしないで見ているとおずおずと出てくるが、警戒するとさっと逃げ込む。そうなるとなかなか捕らえにくい。近年、肉食魚のドンコなどに託卵《たくらん》する習性が報告された――全部の卵ではないようだが。ドンコはハゼ科。上流下部から中流域を中心に川のよどみ、細い流れなどの底にいて、大きな頭の半分もありそうな口で小さな魚や水生昆虫などを頭から呑み込む。石の下などに産みつけられた卵は雄が保護する。

下市町下市、大西一さん（1923年生まれ）は9月中旬～10月、落ちアユの段引きをしていた。「水が濁った時、日中に釣った。ウグイやジャコ、ギンギ、ネホにウナギやヤツメも掛かった」。大淀

アユ釣りの外道のオイカワ（御勢久右衛門さん提供）

ニゴイ。名の通りコイに似た、長さ45センチに達する大型の魚（川上村「森と水の源流館」）

コイ。赤や白の色ゴイを交ぜて川に放流してもしばらくして残っているのは黒いマゴイだけ。2対の口ひげがあり、長さ60センチに達する（川上村「森と水の源流館」）

町下渕、柳谷京和さんは、これらにナマズも加える。ジャコはオイカワ（ハエ）など、ギンギはナマズに似たギギである。ヤツメは後で取り上げる。

今井さんは、アユ釣りの途中でトグッチョ狙いに代えたことがある。場所は千石橋の下流の左岸にある「一のまい」から「四のまい」までの名がついた大きな岩の割れ目だ。瀬の流れが当たり、水が渦巻いて舞い上がっている。深さは2・5メートルくらい。「8月、アユを釣りに行ったがさっぱり掛からず、ふと見ると岩の間にいっぱいトグッチョがいる。アユの段引きでいくらでも釣れた。大きいのは15センチぐらいあり、食べるとおいしかった」

段引きは、夜もできた。「夜引き」は、闇の中での釣りだった。今井さんはその様子を「電気をつけるとアユは逃げる。糸がもつれると、体で懐中電灯の光を隠して直した。よく釣れて40～50匹も取ったことがある。川面は真っ暗で慣れん人は怖いやろうな。段引きで釣れたアユを引き寄せると暗い水面に白く見えてきた。明かりもないのに見えたのが不思議だった。一緒にいたほかの人には見えなかったから幻だったのかもしれん。釣り仲間を大分、夜引きに誘ったが、ついてきたのは2人だけだった」と語る。「四のまい」が夜の釣り場だった。「アユは昼間はいない四のまいの下の駆け上がりの浅い所に夜、出てきた。どこから来たのやろうな」

いずれの話も、かつての吉野川の豊かさを語っている。「かつての」を付けなければならないのは残念だが。

外道でもムギツクは美しい魚。観賞用にもなるが臆病ですぐ物陰に隠れる〈中央〉（和歌山県立自然博物館）

ドンコ。生態は面構えどおりだ。この顔で雄は卵を懸命に守る。だまされて託されたムギツクの卵も（和歌山県立自然博物館）

餌、毛針釣りには不向きな川

吉野川には、ほかの川では普通に見られる餌や毛針でのアユ釣りは、定着しなかった。このことも吉野川の特徴を語っている。

1927年生まれの今井清三郎さんも、次のような釣り方は知らなかったと言う。「このごろはおかしな釣りをしますんやで。ダシジャコで釣っているのだから。熊野川の瀞《どろ》八丁でカラカラに干したイカナゴの粉とメリケン粉で練《ね》り餌《え》にして釣るのが流行していると言う。むちゃくちゃや。さびき釣りもしている」とあきれ顔だ。ただし、海から遡上して間もない時期や秋口の増水で食べ物の藻が流された時、餌で釣れることは、全国でよく知られていた。ドブ釣りの毛針は羽虫を模しているのだ。高知ではイワシ、イカの切り身なども餌にするという。古くは『記紀』に、神功皇后が「夏四月《なつうづき》」(日本書紀)の初め、肥前(佐賀県)松浦《まつら》の川で、『飯粒《いひぼ》』(古事記)でアユを釣った、という話があることは前述した。季節からすると遡上アユだ。飯粒で釣れるとは、今の釣り師たちからは聞かなかった。皇后の釣りの餌を虫にはできなかったのだろう。『記紀』は、この地では今も4月上旬になると女性がアユを釣る習慣がある、とも記している。『万葉集』にもこの川で「若年魚」を釣る乙女を

大淀町下渕の鈴ケ森行者堂の鮎供養。アユに感謝し霊を慰める（2007年6月1日）

荒瀬でアユを引っ掛ける「みつご」の針（今井清三郎さん提供）

詠った歌がある。

毛針を使うドブ釣りのドブは、淵のことだ。この釣りができる場所が分かる。今井さんがよそから来た有名なドブ釣り名人の釣りを見たのも大淀町の淵の頭だった。「2時間で200匹くらい釣った。100種類ほどの毛針を、天候によって替えていた。自分もドブ釣りはしてみたことがある。これで釣れるアユは普通は小さいのだが、名人が釣ったのは、自分たちが友釣り、段引きで釣っていたのと同じくらい大きかった。24センチ以上あった」。吉野川にも毛針で釣れる条件、場所はあったのだ。アユをよく知っていた下市町の川柳作家、河合四郎さんは、『大和下市史』（1958年）で、他地方から来た釣り人の多くは友釣りと「土地の釣好人の間には余り用いられない」毛ばり釣り（かがしら）をしている、と紹介。一方で吉野川の「段曳き」は「技術的にもその利用数においても全国一」と書いた。流行や好みもあるだろうが、淵の釣りが地元で広まらなかったのは川の形態の反映だろう。

段引きは吉野川の急流に適応した釣りだったのだ。

「みつご」は、アユも一気には上りきれない荒瀬を利用した釣りだった。岸沿いの石底をすり鉢のように掘って周囲に石を積んだ「だま」をつくっておき、激流を上る途中のアユがそこで一休みしたところを、錨《いかり》状の3本の針で引っ掛けるのだ。今井さんによると「下市の千石橋の上流でやっているのを見た。石一つの位置で釣果に差がある。時々、水中眼鏡を掛け、ひもで体を確保して川に入り、石を積み直していた。自分はやったことはない。難しく危険な、道楽ではできない商売人の釣りだった」。

今井さんは奇妙なジンクスも覚えている。「アユ釣りの日はキュウリを食べなかった。父もそのころの古い釣り仲間にも食べない人が相当いた。川の神様の紋がキュウリの断面に似ているとか、カッパの好物だから腹にあると狙われるとか言っていた」。アユ釣りだけに伴う伝承だった。

簗とウ飼い

アユほど漁法が分化した川魚もほかにはない。アユだけの漁法が多いのは、それだけ重要であり、人が生態を研究したからだ。友釣りはその最高傑作である。漁法は1年の間でも時期によって変わる。簗《やな》は瀬に渡した竹のすのこの上に流れを導き、水の勢いで打ち上げられた魚を取る仕掛けだ。ほかの魚も取れるが、主には秋、産卵のため下っていく落ちアユの群れを狙った漁だ。一度にたくさん漁獲できる。吉野町上市の島田吾一さんは「上市では昔からあって地名にも残っている。1955年ごろまでやっていたが、大水が出たら荒れ、修理に費用がかかってやめになった」と言う。簗は、東吉野村小栗栖《こぐりす》では支流の高見川に1975年ごろまで造っていた。ほかでもかつての設置場所が今も地名として伝わっている。大淀町佐名伝《さなて》――下市町新住の間の本流に架かる橋の名は「梁瀬《やなせ》橋」だ。

五條市の簗のオープン。子どもたちはアユつかみに熱中しながら川を肌で感じている（2006年9月）

吉野川の簗は奈良時代に完成したわが国初の正史『日本書紀』にも登場する。

神武紀では「吉野之地」を巡検した天皇が、川に沿って西に行き、出会った「梁《やな》を作《う》ちて魚取《すなどり》」する漁師が「阿太《あだ》」の鵜飼部《うかいら》の始祖、となっている。五條市東部には「阿田」が入った地名が今も残る。「万葉集」には「阿太人《あだびと》の魚梁《やな》うち渡す瀬を速み」という歌がある。どちらにもアユは出ないが、簗、ウ飼い、瀬の接点にいるのがアユだ。このことから、当時の人々と吉野川とのかかわり方も見えてくる。

神武紀の話の時期は「秋八月」の末。陽暦では9月ごろ。アユが下り始める時期と重なる。「万葉集」の歌で、簗は瀬に造ったことが分かる。

ウ飼いは、持統天皇が「吉野の宮」を訪れた時、柿本人麻呂がつくった「上《かみ》つ瀬に鵜川を立ち　下《しも》つ瀬に小網《さで》さし渡す」という「万葉集」の歌に瀬の漁として

川岸で魚を狙うカワウ。今はアユへの害が問題になっている。
ウ飼いに使うのはウミウ

五條市の吉野川に設置された簗。手前の上流側から流れに乗った落ちアユが打ち上げられる

出る。「鵜川を立つ」はウ飼いをすること。宮があったと考えられている吉野町宮滝の吉野川は、中流のよく知られた急流だ。「万葉集」にはほかにもウ飼いを瀬の漁とした歌が何首かある。大伴家持が越前の判官に贈ったウに添えた長歌はその一つ。「平瀬には小網《さで》さし渡し　早き瀬に水鳥《う》を潜《かづ》けつつ」と、ゆるい瀬では網、急瀬ではウ飼い、と使い分けている。一緒に贈った短歌は「鵜河立ち取らさむ鮎の」とこのウ飼いがアユの漁であることを示した。中流域の川は、早瀬—淵—平瀬—早瀬、の順で形を変えながら続く。家持の歌を見ても人麻呂が詠ったウを使う「上つ瀬」は早瀬、網を張る「下つ瀬」は平瀬だろう。ウ飼いには、ウでアユをおどし、張った網に追い込む方法もあるが、人麻呂が並べた2型の瀬の間にはアユが逃げ込んで隠れ場にする淵がある。ここにある歌は「鵜川」と「小網」漁を、瀬の状況に応じた別々の漁法としているのだ。

書紀とこの二つの歌で、獲物をアユとしていないのは、わざわざ断るまでもなかったからだろう。書紀の吉野川の話でウ飼いと簗が組み合わせになっているのは、偶然ではなく、ウに頼るか秋に下るまで待たなければ、この川の荒瀬のアユには手が出なかったからではないか。藻を食べるようになり、瀬で縄張りをつくったアユは餌では釣れない。友釣りや針で引っ掛けるころがし釣りが、わが国の文献に出るのは江戸時代、17世紀の末だ。

吉野川沿いで縄文時代から網漁をしていたのは、遺跡から両端に糸を掛ける溝や凹部をつけた石製錘《おもり》が出土していることでも明らかだ。宮滝遺跡でも縄文時代の大型の石錘が見つかっているが数は少

川上村の吉野川沿いにある「宮の平遺跡」。縄文人が夏の間、滞在していた「キャンプサイト」だ。漁網に付けた石錘も出土している。アユも取ったのだろうか

干される簗に上がったアユ。焼いて干し保存食にしたりダシを取る地方もある

ない。宮滝にある吉野歴史資料館の池田淳・館長は「刺し網用と見られるが詳しい用法は不明。食料は木の実など山の幸に頼っていた」と考えている。吉野川流域では弥生遺跡の出土物にも錘は少ない。この川の急流に網が張りにくいことは、近年まで独特の投げ込み（まきかわ）漁が続いたことでも、うかがわれる。舟に積んだ石を数人が半円を描くように投げてアユを追い込み、移動する群れの鼻先に刺し網を投げて絡め取る漁だ。網は流れに渡さなくてもすむ。川が大きくて瀬が強く、網が張りにくい吉野川に合う漁法だった。吉野川では網を張れる場所も限られていたのだろう。

吉野川のウ飼いは1794（寛政6）年、本居宣長が「阿太」を通った時には「今はしる人もなし」という状態だった。島田さんによると、1955年ごろ、上市で観光用に夜のウ飼いを見せたが3〜4年でやめになった。

五條市では2002年9月、同市漁協有志が簗を復活させた。27日、台風による増水に乗って最初の大きな群れが下ってきて1日で1000匹以上が掛かった。

アユは干したり塩漬け、鮨《すし》などと保存法も多様だ。五條市新町、河﨑眞左彌さん（1942年生まれ）は「口からくしを入れて焼いたアユを、台所のわら束に刺して干していた」ことを覚えている。ただ食べた記憶はない。焼きアユはだしをとるのに使う地方もある。内臓の塩漬けがウルカだ。淡水魚を塩辛にするのは、わが国ではアユぐらいなものという。

アユの保存法が川魚の中で多いのは、簗で一度に大量に取れたことも理由ではないか。

川底の虫たち――世界有数の生息量

川底に住む虫たちには〝吉野川らしさ〟がもっとはっきり現れている。

8月中旬から9月初め、吉野川沿いの街灯には、長い水中生活から脱け出し羽化した無数のカゲロウたちが集まり、乱舞する。せいぜい2日の命と知っているかのように。半透明の羽、触れると壊れてしまいそうなきゃしゃな体。御勢さん（生態学）は「カゲロウは吉野川に200種ほどおり、95％はきれいな流れに住む種類。彼らの生息は清流の証し」と言う。豊富な川底の虫たちを育てたのは、自慢のアユと同じように吉野川の瀬、それも白波立つ早瀬だ。

吉野川は、わが国で、カゲロウ類など、幼虫が川底の石の間に住む水生昆虫（底生昆虫）の生態研究が始まった所だ。1951年、津田松苗・奈良女子大教授が調査を開始している。これに参加した御勢さんによると「津田さんに良い川があると紹介した」のがきっかけだった。虫の種類と量から川の環境を分析する方法の研究だ。

1983年、御勢さんが調査結果を集計していると、思いがけない数字が出た。吉野川の瀬の底生動物は、欧米、東南アジアの海外の川や四万十川など国内のほかの川に比べてもきわめて多く「世界

左から、カゲロウ、カワゲラ、トビケラの成虫（御勢久右衛門編著『大和吉野川の自然学』から）

トップクラスと言える」量だったのだ。「論文を読んだ外国の研究者が『一ケタ、二ケタちがうのでは』と問い合わせてきた」そうだ。

底生動物の中で主なのが底生昆虫のカゲロウ、カワゲラ、トビケラ類。これらは成虫が静止した時に、たたんだ羽の形で区別できる。カゲロウは羽を立て、カワゲラは重ねてたたむ。トビケラはテント型だ。餌も「カゲロウは大部分が藻、カワゲラは90％が肉食、トビケラはほとんどが藻」（御勢さん）と分かれる。

川全体の底生昆虫の重量を左右するのは、トビケラたちだ。大きいため羽化した昆虫の重量の73・8％を占めた記録もある（御勢久右衛門編著『大和吉野川の自然学』トンボ出版）。多くのトビケラ類は早瀬の川底で、石の間に小石などを糸でくっつけた巣と網を作り、流れてくる藻をとらえて食べる。少年時代、川が遊び場だった大淀町下渕の柳谷京和さんが「瀬の石と石の間に幕を張っていた。エサにするとどんな魚でもよく釣れた」と言ったのはトビケラ。彼らが生きるには、すき間があり安定した石の川底（硬底）、つまりそれを形成する早瀬が必要である。早瀬は餌の藻の光合成が盛んだ。

はかない命と知っているかのように灯火の下で群舞するカゲロウたち（吉野町河原屋の吉野川べりで）

トビケラの幼虫と小石で作った巣。
写真撮影のためちょっと小石を外したところ

小学生に川の生物の見方を指導する御勢久右衛門さん（2000年5月、五條市の吉野川で）

石の間を水が流れ、そこに住む虫たちに酸素も供給する。吉野川以外の日本の川もヨーロッパなど大陸の大河に比べると底生昆虫が多いのは、アユの生活の場でもある瀬の存在が大きく寄与している、という指摘もある。

御勢さんによると、生物生産量は早瀬が10なら平瀬は5、淵1になる。

御勢さんは、日本の他の川に比べても吉野川に底生昆虫が多い理由に①硬底であること②これまであまり濁らなかったから、と整理した。その原因には、地質的に砂が少なく、また森林がきっちり保全されていたことを挙げた。

心配もある。巣を作るトビケラは泥に弱い。1973年、川上村の上流部に大迫《おおさこ》ダムが完成した。供用開始後、五條までの下流各地で、昆虫量は建設前の64~81%になった。「ダム湖から出る濁りの影響は間違いない。それでもいい川といわれる四万十川、長良川並みで日本の川の平均より上。日本有数の量」（御勢さん）ではあるが。大迫ダムの下流では大迫の2・8倍を貯水できる大滝ダムが同村内に建設され、2007年8月現在、本体の工事は終わっている。

吉野川の豊かな底生昆虫たちは、今では無視されているような川の能力も思い出させる。虫が多い早瀬は、家庭排水など有機物を含む水を浄化する力も大きいのだ。

早瀬の浄化力はその構造に由来する。浮き石の川底は有機物を分解する微生物がいる石の表面積が大きく、白波は彼らに必要な酸素を溶かし込む。御勢さんは「汚水を機械的に空気にさらし繁殖した

水中に酸素を供給して底生昆虫を育て水も浄化する吉野川の早瀬（下市町下市）

微生物の力で処理している下水処理場は、瀬のシステムを取り入れたもの」と説明した。御勢さんは、大和川の汚れがひどかった１９６８年ごろ、奈良県王寺町から大阪府柏原市までの亀ノ瀬で水質を調査した。約3キロメートル流れる間に有機物の量を示すＢＯＤ（生物化学的酸素要求量）値は半分になった、という。

早瀬でよく生育する藻は、炭酸ガスのほか水の汚れの原因となる窒素、リンも取り込む。藻の生育量は、早瀬を6とすると平瀬4、淵3という計算もある。御勢さんは「丸い石が広がる川底に付く藻の量は岩盤の2〜3倍」と話していた。

御勢さんは「藻を食べた底生昆虫たちが羽化して飛び出せば、汚れを運び出したことになる」とも指摘。東吉野村の吉野川支流では、底生動物の年生産量が１平方メートル５１７・37グラムだったという試算がある（『大和吉野川の自然学』）。

奈良県は1988年、吉野川流域下水道建設に着工。計画では五條市と吉野、大淀、下市町を対象とし、五條市二見《ふたみ》に浄化センターを設置、1991年から供用を始めた。

しかし、すべての生活排水が下水道に入るわけではない。農地からは肥料分を含んだ水も出る。今後の川の在り方を考える上で、コストゼロの自然の浄化力は見落とせないのではないか。

吉野川のアユの名声は、かつて世界トップクラスの底生昆虫の量を支えたこの川の早瀬の賜物《たまもの》だ。早瀬をつくったのは、蛇行だ。これまで川は早く水を流すよう流路も真っ直ぐに改修されてきた。御勢さんは吉野川でも早瀬が減っていると指摘する。

川の数だけ自慢話が

わが国では、ちょっとした川にはアユの自慢話がつきものだ。〝売り〟は味、香り、大きさ、姿など。釣り人らは、水量、川の形態、水質、石の質まで挙げて自慢する。アユを愛する人たちは、この魚に川の状態が集約されていると認識していた。古い釣り師らの観察は実に詳細。アユには一家言持つ人が多い。アユは、川がそれぞれ個性的であると語っている。

川上村の北股川は水源の支流。水は冷たく本来はアユの生育に向かないが、同村柏木《かしわぎ》、辻谷達雄さん（1933年生まれ）は「北股川のアユは香りがいい。（その下流の）大迫ダムから下のアユは北股川のとは全然違い、何か泥臭い。進んで食べようとは思わない」と断言した。

柏木の下流の同村白川渡、山口梅次郎さんによると「アユは水がきれいな滝、瀬、淵がある支流がよい。村内では中奥、上多古の川や北股川だ。上流ほど味がいい。ある程度水が温かいとよく肥えているが身が柔らかい。持つとわかる。川上村のはにおいが良い。上市（吉野町）では特に川上のアユを良いと喜び、上市で釣る人は（上流から下ってきた）川上のアユならうちに置いておかないでつかいものにする。香りが強いから。釣り仲間の常識だ」。山口さんがここで「いいアユが育つ」と名を挙げた川も、アマゴを釣りに入るような渓流だ。

東吉野村では「（支流の）高見川上流のアユがおいしい」「（高見川支流の）四郷川のほうが香りがあり、色が濃い。アユには四郷川のように青っぽい岩がいい」の2説を聞いた。四郷川では水成岩の石灰岩、チャートが河原で見つかる。吉野町上市の釣り師、島田吾一さんは「水成岩の多い川はアユの味がよい。コケがいいから」と説いた。水成岩とアユの関係はほかの川でも言われるが、詳しい理由は分からなかった。

上市周辺は今もアユ釣りファンが集まる川だ。島田さんは上流でのアユ自慢について「東吉野のは大きくならない。大きくて6寸（約18センチ）。桜橋の下で簗をやっていた時にも『これは小川谷

（東吉野）のやな、川上のアユやな』とすぐ分かった。やはり上市から川上にかけてのアユがおいしい」とばっさり。

御勢さんによると、底生昆虫の量で各川の違いを見ると「川上のほうが少し多いが、アユの味を左右するほどの差ではない。東吉野の2河川では四郷川のほうが生物量は多い」という程度だが。アユ自慢には、学術的に説明しきれないところもあるようだ。

アユにこれほどこだわれる人たちがうらやましくなった。

生きるのに必要な淵

川は瀬と淵の組み合わせだ。瀬がアユを育て、淵も彼らが生き残るために欠かせない。瀬の縄張りが空くのを待ち、洪水時に身を潜めるのも淵。日中は瀬で藻を食み、夜は淵に帰るアユ。1日中、淵の中で生活する居付きもいる。居付きアユは、藻が付く岩以外では縄張りをつくらず、群れたり単独で行動する。淵の藻の生産力は瀬より低い。京大の丹後半島・宇川での観察では、居付きアユの数は、淵の型によって差があるが、瀬の20～0％だった。

今井清三郎さんからは、この点で意外に思えるような話を聞いた。「淵のアユは、だいたい大きかった。小さいのはいなかった。みんな言っていた」というのだ。

今井さんによると「大淀町下渕のザトウ淵は、段引きの重りを底につけると水面上に糸が60センチほど出たから深さ7・8メートルぐらいあった。2・5メートル下ぐらいまでの岩は見え、アユが行き来してエサをつついていた。底までは見えなかった」。今井さんはここの岩の上から段引きをした。「深いから真上に引く。掛かるとクワーッと来る。30センチ近い。そりゃ豪快やった」。コイを狙って通う人もいるような淵だった。どんな藻が付いていたのかは不明だが「アユは香りも良かった」そうだ。アユは流れてきてたまった藻も食べる。掛かって引き上げる途中で別のアユが「けんかに来て針に掛かった」そうだから、この岩では縄張りをつくっていたようだ。

当時の吉野川の淵の底は「水がゆるく流れている〝脈〟には大きな丸石が並び、そのわきで逆流している所は砂底だった」。アユは「群れをつくり脈を上手から下手へと回っていた。それにつれて釣れる場所が変わった」。

アユには「土用隠れ」がある。吉野川以外の釣り人も言う。今井さんによると「夏、水が減って水あかが腐ると瀬から姿を消す。あかがおいしくないから縄張りのアユもおとりを追わない」現象だ。人の漁に追われた、との見方もある。今井さんはこの時「アユは深い瀬か淵に入っている」と言う。

吉野川の淵は変わった、とかつての姿を知る人は証言する。今井さんも「今はあきません。底は泥。

岸の巨岩と大アユを育んだ淵（大淀町下渕）

浅くなった。川の水位も40センチそこらは下がっているし。川には以前のような淵が必要だ。今の淵は話にならない」と嘆いた。１９２４年生まれの吉野町上市、菊本和男さんが「子どものころは２ひろ、３ひろ（約4メートル50センチ）潜って川底の白い石を取りに行った。淵の底は見えなかった。今は浅くなり淵は消えた」と言う深く透明な淵。大アユはこの淵が育んだ。

淵の変化は瀬のそれと一体のものだ。菊本さんが「昔は瀬―淵―瀬が連続していた」と描いてみせた吉野川の景観は、上、中流の川本来の姿だろう。

今井さんは１９９０年ごろ、長年続けたアユ釣りをやめた。「川が汚くなったから。あまりにも情けない。アユに香りもありゃへんが」。それでも「川が元のようになったらアユを釣りたいとは、今も思っている」。望郷に似たまなざしをした。

吉野川では今、ほかの古い釣り人たちも「アユの味が落ちた。香りが薄れた」と口をそろえる。残念なことだが、そうなるような川の状況があると考えざるを得ない。

伝説伴う「川魚の王」

長い間、吉野川に親しんできた釣り人などには、アユに特別な思いを抱いている人たちがいる。敬意に近い感情だ。アユには「伝説」が伴う。

秋、アユは種保存の本能に従い産卵場所を求めて川を下る。下市町阿知賀、北義宗さんは落ちアユを取るサヤ漁を1985年ごろから続けている。川幅いっぱいにロープや網を張って下ってきたアユの群れを止め、上流に反転したその行く先に長さ10～12メートルの刺し網を半円形に投げて絡め取る漁法だ。

「アユは賢い。網を持っていないとそばまで来るので『これならいける』と網を持って来て打とうとすると、網が届く10メートルほどの範囲の外に逃げる。網を打つのは群れが下る川の両側の浅瀬だが、何回かやると真ん中にしか来ない。川に渡したロープや網を1匹が飛び越えて下流側に出ると、そいつがバシャバシャはねて安全だと教え、残りが次々と飛び越える」

２００１年９月下旬、吉野山の下の吉野川でサヤ漁をしていた人たちもアユは別格扱いだった。「普通の魚は音でもすると、泳ぐのに楽だから下に逃げるがアユは上る」「人がいなくなると飛ぶ。じーっとしていると来る。人がいる所をよう知っとるわ。川の底から見ているんや」

落ちアユの下り方には「頭から」と「尾を先にして」の二つの話が伝わる。サヤ場で見た限りでは頭説が有利だがこれも「アユ伝説」だ。

「アユが賢いとは思わない。釣りざおを持っていても寄ってくる。アメノウオ（アマゴ）は逃げるのに」と言う今井さんにも次のような体験がある。「川に刺し網を張り、下手から5、6人が竹で水面を叩きながら追うとハエジャコ（オイカワ）やウグイは網に頭を突っ込んでいるが、アユは網際まで来ても上を飛び越える。そんなことではアユは取れませんわ」。吉野川独特の投げ込み漁は、アユの敏感さを逆手に取った漁だ。「石を投げてアユをパニック状態にし、オオバ網（刺し網）を群れに投げる。それでも底の石の間にすくみ、網をくぐるアユがいる」

今井さんは夜の川漁もした。「カンテラをつけ、ヤスでウナギ取りに行った時もアユは姿を見なかった。ハエジャコはふらふらしていて網で簡単にすくえたが。一緒に行った大人から『すばしこく、さっと逃げた影がアユや』と言われた」。アユが活動するのは昼間だ。早瀬に縄張りを持ったアユは、夜も瀬の石の陰などで休む。眠りは川魚の中でも浅いようだ。

下市町下市の吉野川沿いにある「鮎供養碑」。吉野町上市。大淀町下渕にも供養碑がある。人とアユとの深いつながりを語っている

筆者も小学生のころ、古里の広島・太田川の支流、古川で夜、アセチレン灯をともし、漁をしたことがある。オイカワなどはポカンと眠って流れてきて楽にすくえたのに、アユはキラリと緑色に体を光らせて逃げてしまった。そのころ、アユたちは、遠くからあこがれるだけの存在だった。「食べるなんてとんでもない」とさえ思った。

川の魚たちの間でもアユの位置は特別だ。オイカワは、いる所がほぼアユと重なり、主に藻を食べて餌も競合する。遡上したアユが小さいうちは前年から残っているオイカワが条件の良い川の中央部を占めるが、アユが大きくなると岸寄りなどに追いやられる。アユが攻撃するわけではないのに、すばやく、活発な行動に圧されるらしい。ウナギ、ブラックバスなどアユの捕食者はいるが、ほかの魚には優位に立つようだ。美味なだけでなく、このような関係からもアユを「川魚の王」と呼ぶ研究者もいた（『アユの話』）。

今井さんには、奇妙なアユの思い出もある。「40年ほども前、前年に遡上した2年越しのアユを取ったことがある。夏のいちばん暑い時だ。深さ1メートルほどのとろ場で見つけた。水面をさお先で叩いて追うとひょろひょろと上流に逃げるが、じきに底の石にもたれ、手づかみで取れた。体長30センチくらい。真っ黒でやせて、持つとうろこが立っていた。おいしくはなかったが香りはかすかにあった。一夏2、3匹取った」。アユは「年魚」とも書くとおり普通は1年の命。筆者も春先の湧水で、冬を生き延びたアユを見たことがある。やはりやせこけて頭が大きく見えて黒く、サメのようにくねくねと泳いでいた。そこは古川の河原の中に取り残されたような旧河道だった。入り江のようになっていて川底や岸の白い砂の間から伏流水が湧いていた。

山国へ海からの使い

毎年、春も盛りになると川を上ってくるアユの群れは、山国・吉野の人々に、この川がはるか下流の海に続いていることを思い出させた。

吉野川は――この川に限らず――人間の利用のため〝分断〟されてきた。1957年度、和歌山県内で旧井堰を統合した農業用水用の4頭首工が完成。その魚道について奈良県内の漁協などは「アユが上れない」と改良を求めた。

吉野町上市の釣り師、島田吾一さんは「頭首工ができるまで（上流から材木を流す）筏《いかだ》に乗っており、アユの遡上《そじょう》もそのころは多かった。以後はほとんど見なくなった」と言う。「簗に一晩、2000〜3000匹も上がった」という島田さんの話は、かつての天然アユの豊富さを思わせる。1961年5月の吉野町広報紙「広報よしの」には、日本海側の京都府舞鶴、宮津から購入した稚魚を放流したことと「今年は和歌山からの遡上が多い」との記事がまだ出ている。

元県漁連会長で東吉野村漁協組合長、桝本実雄さん（1926年生まれ）＝同村小栗栖＝が「アユが上る元の川に」と運動を始めた時はこのような状況だった。「政府は農業に力を入れており、アユがどうなるかは考えなかった。魚道は造っただけ。遡上期の田植え時期には水を流さずアユは上れなかった」

近畿農政局は1999〜2004年度に問題となっていた3頭首工の魚道を改良。2005年4月末〜5月上旬、遡上を確かめるため和歌山県・岩出頭首工の上手で放したアユが約1カ月後の6月5日夕、57キロメートル上流の下市町新住で友釣りに掛かった。アユは養殖した海産。標識代わりに背びれの後のあぶらびれを切り、各漁協を通じて見つけた時の連絡を依頼してあった。

このアユを釣ったのは地元の内科医、澤井冬樹さんだった。場所は自宅、医院の下だ。「きれいなアユやと思った。胸びれわきの斑紋を含め全体が黄色だった。背びれが長かった。15センチと小さいのによく引いた。一緒に釣っていた知人に『あぶらびれを見たか』と言われて見るとなかった」と驚いたようだ。

当時、同局紀の川頭首工魚道検討委員会座長だった御勢さんは「岩出頭首工までは海から天然アユが上がっており、これで下市まで遡上できることが確認できた。後は数が問題」と話していた。桝本さんは「今後を見守りたい。天然に上ってきてほしい。繁殖を期待はするが、アユにとって産卵のため下るのは上りの5倍も10倍も大変」と言う。魚道が改良されるようになったのは「農業の比重が下がり、環境が注目されるようになって改善が考えられるようになったから」とも説明した。「下るのが大変」なことには、井堰がからんでいる場合がある。井堰が、アユが下る障害になっているという指摘は、以前からあった。井堰の上流側は水が溜まるから、アユは流れの向きで上下流側の判断ができなくなる。さらに魚道の底が川底より高くなっている所では、底を下ってくるアユは魚道の入り口を見つけにくい、というのだ。

吉野川のアユは、海からの遡上に期待できなくなってからは放流に頼るしかなかった。漁協による放流量は今も釣り人たちの大きな関心事だ。もっとも和歌山県内4カ所の農業用頭首工が完成するまでにも放流はしていた。桝本さんは上流の東吉野村で「本格的な放流は昭和30（1955）年ごろか

琵琶湖のコアユ。日本一の湖の中では大きくなっても12センチ止まりなのに河川に移すと普通のサイズに成長。各地で放流されている（滋賀県立琵琶湖博物館）

らだが、戦後しばらくは少し入れていた。昭和25〜26年から30年ごろまでは天然遡上でまかなえた」と言う。

現在、放流には琵琶湖産と海産をともに養殖して使う。両者が川で大きくなった後の相違点、さらには放流と天然遡上の区別は難しい。釣り人らに各人各様と言ってよいほどの説がある。

川上村白川渡、山口梅次郎さん「言葉では言い表しにくいが、天然と放流は違う。放流は腹がふくれ、天然は尾まで割合太く、ひれが大きい。味は放流、天然と言うより、いる所によって違う」

桝本さん「湖産はきれいでひれが長くひらひらしている。おとりをよく追うので友釣りで釣りやすい」。湖産の縄張り意識の強さは、釣り人の間で広く言われていることだ。

島田吾一さん「放流の湖産は運動が少ないから頭が丸い。天然遡上アユは運動量が多いから頭でっかちで身がしまっている。養殖ものが小さい時は、飼料の魚粉臭さが残り、アユ特有の香りもしない。川で大きくなると、同じ餌だから差はなくなる。1日に30グラムも藻を食べる。味は2、3日でアユらしくなるし、1週間から半月で体質も変わる。胸の黄色いマークも川では大きくなる」

澤井さんは「天然遡上は背びれが長く体が扁平。湖産は丸い」。味について「おいしさははらわたの苦味。養殖は内臓脂肪が多く身はカスカス。天然化すると背骨の横に脂がつき身がおいしい」と医師らしい表現をする。「天然化には放流後2週間はかかる。色もだが、食べたら分かる。よい香りがつくには1カ月はかかる。いいアユは釣った時に香りがわっと来る。放流直後の養殖にはまったくない」とも言った。

今井清三郎さん「天然遡上のアユは野生的で顔が違う。口が大きく怖い顔をしている。激流を上って筋力をつけ、9月になると背びれを中心に肉が大きくせりあがってくる」

天然アユについて語る時、どの人の口調にもあこがれに似た響きがあった。

井堰との関係で今井さんには古い思い出もある。「22〜23歳ごろの3月、元の和歌山・小田井堰をアユが上れるよう堰の下にシバを階段のように積みに行った。堰は高さ2・5メートルぐらい。シバは針金でくくってありトラックで運んだ。漁協の仕事だったと思う。効果は大きく、タバコくらいのアユが黒くなって上っていた」

吉野の釣り人たちが望む天然アユの遡上は、本来の川なら当たり前のことなのだ。近年の研究で、湖産の稚魚は海に出ると多くは死ぬことも分かっている。

自然環境についての国の方針は転換期だ。河川法は１９９７年の改正で治水、利水に加え環境の整備と保全を柱とし、森林・林業基本法（旧林業基本法）は２００１年の改正で水源涵養・自然環境の保全もうたうようになった。２００２年、成立した自然再生推進法は「過去に損なわれた生態系その他の自然環境を取り戻すことを目的」としている。御勢さんに言わせると「自分たちが20年も前から言ってきたこと」ではあるが。

「ドクター釣り師」

和歌山県・岩出で放流された標識アユを釣った澤井冬樹さんは、知る人ぞ知る「ドクター釣り師」だ。アユ釣り歴は２００５年当時で16年。その時は会員40人のアユ釣りクラブ「吉野千石」と13クラブの連合「吉野川水系を守る会」の会長をしていた。

自宅対岸の大淀町立大淀病院の勤務医だった１９８９年、１年後に父親の医院を継ぐことが決まったころ、アユ釣りを始めた。「時間がとれるのでは」と思ったのと、何よりもアユが好物で「食べたいから。自分で釣りたかった」。今はシーズン中は診察、往診の合間に1日2、3時間は川にいる。「川に向かうと何も考えない。相手は川の水、石、アユだけ。診療は人相手の仕事で気疲れするからストレス解消になる。一石二鳥ですよ。流れの中で踏ん張るので1回にベルトの穴が二つ短くなる」。至福のひと時だ。食べたくて始めたアユ釣りだが、今は「味も釣りも楽しみ」と言う。

アユ釣りの醍醐味は「ガンと来る大きなアユの手ごたえ。針がアユの背中に掛かると暴れる」。だが、澤井さんには難しさも挑戦しがいになっているようだ。

「友釣りは道具が良くてもウデがものをいう。アユがいる場所を見つける目と、おとりアユをいかに自然に泳がせるかが問われる。上手な人とは釣る数に差があり、絶対勝てない」

おとりをつなぐ鼻環に付けた重しを急流の石の上か陰に置き、おとりを泳がせて釣る技を持つ医師の先輩がいた。針を引き回して引っ掛ける段引きでも「本職の漁師は底の石を避けてアユだけ、それも商品価値を落とさないよう背中に引っ掛けていた」そうだ。上手な人を見ると闘志がかき立てられるらしい。「釣れないとくやしくてくやしくて。気短かでないとアユ釣りはうまくならない」。ビデオでおとりの追い方も研究した。「釣れないと楽しくない。釣り始めた年に1日に71匹、1年に115 0匹釣った夢が忘れられない」

自慢は1996年8月18日に釣った29センチの大アユ。毎日新聞の雑記帳で取り上げられ「あくる朝には20人以上が、その場所でさおを並べていたのでびっくりした」。このアユはつくりにするつもりだったが「その寸前に吉野漁協の人が来て標本にされてしまった」と苦笑いする。

澤井さんは、アユを求めて和歌山の川にも出かける。それらの川に比べると吉野川の「瀬、淵、荒瀬といろんな要素があり水量が豊富。和歌山の有田川や日高川は水が少なく、カヌー遊びも底をするのでできない。中流域でこんなに幅が広い川はない。愛知県小牧市から、毎週アユ釣りに通う人もいる」特徴が浮き上がってくる。

澤井さんが釣った標識アユは、少なくとも下市までは天然ものが海から遡上できることを示した。「有田川では、ほかの川では遡上期が終わった後も上っている。ここにも上がってきてほしい」。天然アユについて語る時、声に熱がこもった。

伝説的な名人がいた

少年のころから半世紀余りアユ釣りをしていた下市町新住、今井清三郎さんは今でも「アユには不思議なことがある」と言う。そんなアユの生態に通じ、並み居る釣り師たちを出し抜く「名人」がいた。

今井さんが「その人が下市町の千石橋の近くで釣りをしていると、見つけた観光バスの運転手がわざわざバスを停めて乗客に紹介した」というエピソードを伝えるのは「大淀町下渕の植田正雄さん。段引き（ころがし釣り）一筋で、そりゃ名人だった。釣っていると竿《さお》の動きで植田さんと分かった。1974年、病気もせず72歳で亡くなられた。最後まで釣りをしていた」人だった。暑い夏の盛り、アユが瀬から淵に入る「土用隠れ」の間は、今井さんによると「いちばん釣れない時」だ。淵に隠れたアユはやがて一斉に瀬に戻る。植田さんはその「大上り」の時を知っていたのだという。「朝、自分が出勤途中に川を見ると、植田さんが普段は行かない場所で釣っている。『今日は何なんだろう。こんなにアユが釣れん時に。おかしいな』と思っているうちに『今日が大上りか』と気づく。仕事が終わって川に行くとすでに両側に竿が並んでいた。みんな、植田さんを狙っていたから。その時は植田さんは釣れるだけ釣って帰った後だ」。大上りは時間も不定で、雨降りとか増水などという目安もないのに植田さんには分かっていたようだ。「不思議だった。大上りの時以外は釣るアユの数も自分らとようけ変わらんかったのに」。今井さんがある時「何でわかるんや」と尋ねたら「そんな気がするんや」と答えたと言う。

1960年ごろ、吉野川筋の釣り人は竿も手作りしていた。その年に生えたマダケを8月に切り、手元から中ほどまで節を抜いて先にシノ竹と削ったマダケで作った穂先を差し込む。竿の特徴で釣っているのが誰かも知れたと言う。長さ4メートルの竿を担いで自転車に乗り、川に急ぐのが当時の釣り師たちのスタイルだった。

アユにはほかにも不思議な行動がある。今井さんによると「夏、少し浅いゆるやかな場所に100～200匹の群れをつくり、回りながら体をゆっくりひるがえしてフワーフワーと遊んでいることがある。底が岩か砂かは関係ない。その時は友釣りでも段引きでも釣れない」。瀬で縄張りを持てず淵に居付いたアユたちは、ほかの仲間を追わない。京大の研究では、居付きアユは、統一行動する群れと、ばらばらに動く個体の集まりの2タイプに分かれる。今井さんの話は後者の場合だったようにも聞こえる。今井さんから聞いた「淵のアユは大型」という話は前に紹介した。北義宗さんも「淵には大アユがいる。コケを食べているが、ゆったりとしていられるから、ほかのアユを追っても激しくない。食べると平均して大味」と話していた。

アユ社会の複雑さは、瀬と淵が組み合わさった川の構造に対応したものだ。

「阿修羅の如く」釣る

橿原市白橿町、杉本充さん（1932年生まれ）は、川上村武木《たきぎ》の生まれ。長年、林業に携わり、今も高さ40メートルもある杉、ヒノキに登って育苗用の種を採取する。もう一つの顔がアユ釣り師だ。友釣り専門で「釣りは命がけ」。頼まれた色紙には「阿修羅の如く」と書いてきた。

小学校3年の時「釣り解禁日が日曜で、父が初めて連れて行ってくれた。5メートルの竿におとりを付けてもらったら掛かった。人生の岐路だった」。

1997～98年ごろ、釣り具メーカーに頼まれ、仲間4人と十津川で竿のテストをした。「1人でほかの4人の合計より多く釣った。みんなが釣った後『ここも釣っていない、あそこも』と川底を指差して釣ってみせるとギャラリーから『鬼や』と言われた」体験もある。「釣る時はうれしい楽しいというより頭の中がビリビリしている。体より頭が疲れる」そうだ。現在、直弟子だけで7、8人。弟子は家に来ると2、3時間も正座して話に聴き入るという。指導に熱中し「棒で尻を叩いた」ことも。なかなか釣れない時、杉本さんがあっと言う間に釣り上げると「自分がふがいなくて涙が出る」と言った弟子もいた。

これほど釣りにのめりこませるのは、杉本さんによると、アユとの勝負の楽しみ、だ。「魚との駆け引き。この川の条件、仕掛け、この場所でどう、おとりを泳がせたらよいのか、計算してぴったり合ったらたまりませんよ。『やった』どころではない。周囲の釣り人は何をしているのかと思う」。大事なのは、おとりを自然のように泳がせることだと言う。「泳ぐパターンがいくつもある。頭ではなく手が無意識に動くようにならないと。それを忘れて引っ張り回すのは人間の煩悩や」。それだけにおとりは大切に扱う。負担を少なくするため、切れやすいのを承知で細い糸を使う。その心を「おとりに自分が乗り移る」と表現した。杉本さんにとって、アユは人生を豊かにしてくれる好敵手のようだ。

近年のアユ漁は「日本中でだめ。戦後の１００分の1、10年前の10分の１」と嘆く状況だ。長年、山を見てきた杉本さんには「木材不況で森林は手入れされず、山は荒れて土が見えている。保水力が落ち、川の水量が減った」ことにも結びついているように思える。今は和歌山、三重県まで遠出することが多い。「釣っているのは源流に近い所。水温が低く、アユは細めだが味は抜群、香りが良い。周りは天然の落葉広葉樹林」だ。本来は生育に不向きとされる上流だが、今、杉本さんが「本当においしかった」と懐かしむのも川上村・三之公のアユだ。

この川最後の川漁師

下市町阿知賀は吉野川の中流だ。ここで生まれ育った北義宗さんを「吉野川最後の川漁師」と呼ぶ人がある。本人は「そう言われるほどアユはよう取らん」と苦笑いするのだが。流れとともに生きて

川に張ったロープに驚き上流へと反転したアユの群れに刺し網を投げる北義宗さん。1メートルずれてもアユは掛からない（下市町阿知賀の自宅裏の吉野川で）

半世紀近い。

アユ釣りにも、若いころは「関心がなかった」と言う。父親は舟を持ち遊覧客を乗せて川下りしていた。父親が健在だった21～22歳までは「夏は父を手伝った。それ以外の時は製材所などで働いた」。それでもこれまでアユ漁を続けてきたのは「川が好きだったから」だ。今は「アユ釣りは楽しい。きれいな魚だし自分が狙ったどおり釣れた時が一番」という心境だ。「客にいいアユを渡せて喜ばれるのが楽しみ」とも言う。その一方で「頼まれて何匹釣らねばならんと思って釣るのはつらい。一服もできん。注文を受けても取れなんだ時ほど情けないことはない。いいアユでないと馴染みの客には渡せんし」という思いもしている。楽しみの釣りとは別の世界だ。

プロとしての関心は、数もだが売り物になるアユを取ること。「わしらは数を競う釣り大会ではあかんのや。若い人には太刀打ちできん。わしらは友釣りでも大きいのばかり狙って掛けるから。小さいのでは数とっても金にならん。小さいのを釣っているのを見ると『大きくして取ったら』と思う」

今盛んな成魚の放流にも漁師の立場から苦言を呈する。「2カ月は川にいないと背中のゼラチンが残り、養殖魚の形が残って吉野川のアユのイメージでなくなる。そんなアユを釣っても天然とは言えず毎年の客には送れん。今は釣って楽しむ川になった」。プロだからこそ慎重な面もある。「ほかの川に行っても初めてだと、よう釣らん。一通り見るだけで、釣るのは次に入る時」だそうだ。

サヤ漁で取った落ちアユを時間をかけて焼く。北さんは「味が凝縮され、いちばんおいしい食べ方」と言う

吉野川への思いは複雑だ。かつての川を「関西では良い川。水質が良く水量も幅もある。アユもほかの川と全然違う。平均して小さいが香りがよい。食べてもコク、甘みがある。そんなアユらしいアユが釣れると感動する」と誇る。その一方、川の変化は切実に感じている。「そんな魚が数おらんのや。ここ4、5年、香りも型も悪いし釣れない。10年くら

い前、１日に１００匹釣れたのは夢ですわ。吉野川はあかんようになった。よその川に行くと『いい川があるのに何で』と言われる。情けない。今は注文にも応じきれない」とつらそうだ。川底も変わったと言う。「昔は阿知賀でも大きな玉石が多かったし、水も50〜60センチ深かった。今は岩盤と小砂利だ。アユは玉石のほうが釣りやすい。岩盤はくせがある」

吉野川では以前も専業漁師はまれだった。筏乗りをしながらアユ漁をした吉野町上市、島田吾一さんは「専業は成立しない。売り物が夏のアユだけだったから。漁の期間が限られている。魚の利用の仕方の範囲も狭い」と説明した。冬でもフナなどを漁獲できる各地の水郷地帯とは異なる、名物のアユを育てた急流ならではの事情だ。

阿知賀は、吉野川南岸に沿う集落だ。筏師や川舟の船頭など、この川で生きてきた人々の拠点の一つだった。

北さんは、秋になると落ちアユを狙うサヤ漁をする。漁場は自宅の裏だ。９月中旬、群れを止め上流に方向転換させるためのロープを何段も重ねて張り渡す。落ちアユは、大小の群れをつくる。「アユの群れは底を這《は》って下ってくる。両岸の浅場の底が平たい所だ。群れが近づくと、アユが水面の上に跳んでさざなみが立ち、川の表面が盛り上がったように見えるので分かる。群れの前と後の端は目で見て確かめないと分からないが」。息をのんで待つ緊張と期待の一瞬だ。「投げた刺し網が１メートルずれても掛からない。何回も網を打たれているからアユも分かっていて、射程内の７〜10メートルにあと2～3メートルになったらなかなか寄らない」。1群は100匹くらいだが大きい群れは500～600匹のことも。「そんな群れが砕けると、アユはパニック状態になり、次から次へと網に掛かって外している時間がないほどだ。そんなことは2年に1回ぐらいしかなかったが。7、8年前、1網に140～150匹掛かったことがある」

群れが下るのは朝夕が多い。雨後の増水に乗って来るから、特に雨に左右される漁だ。「15センチでも水かさが増えると落ちてくる。今日はいけるかどうかは勘で分かる」そうだ。10月いっぱいが漁期。9月末から10月中旬の「吐く息が白くなるころ。このあたりの秋祭りのころ」がピークだ。

北さんは、漁の網は糸を買って自分で編む。「サヤは目で見て取れるからおもしろい。竿には竿の、サヤにはサヤの楽しみがある」と言う。

島田吾一さんが刺し網を川に張り、今でも忘れられない大漁をしたのも落ちアユの時期だ。「8、9年前の9月20日過ぎ、上市の川で1網100匹取れたことがある。そろそろ群れが固まり始めたころだ。もう重たくて1人では上げられなかった」。その2年ほど前の9月2日には、十津川村上野地上流の十津川で900匹上げた体験もある。「固まっているのでウグイかなと思った」ほどの大群だった。網の素人5人での漁だった、という。

アユの食べ方は、特に夏の初めの塩焼きがよく知られている。川漁師の北さんが推奨するのは「好みは人それぞれだが、わしらはサヤ漁で取るこれからがおいしいと思う。香りもわずかだがあり、身がおいしい子持ちもある。頭を下にして串に刺し、とろ火で1時間半〜2時間かけて焼くと水分が飛び、こくが出る。香りは6、7月のが一番だが」である。川べりでたき火をし、周りにアユを並べる野趣あふれる焼き方だ。ただし「旅館などに納めるのは大きいのはあかん。小さいともう1匹食べてくれると言われる。実際、味は15、16〜22センチがいい。大きいのは大味」という職業漁師ならではの配慮も求められる。

吉野川は時に荒れ、人々の生活を翻弄した。1959年9月26日、紀伊半島を横断した伊勢湾台風がもたらした洪水は、流域の人々の予想をはるかに超えるものだった。

北さんの父親は当時、5隻の舟を所有していた。26日夕、桜井市の製材所に住み込んで働いていた北さんに、父親から電話が入った。「えらい水だ。舟が流されそうだ。帰って来てくれ」。近鉄吉野線で対岸の大淀町までたどり着いた北さんが、下市町の入り口の千石橋を渡って自宅に着いたのは、午後7時ごろ。すでに舟3隻が濁流に呑まれた後だった。舟はいつもは自宅の下にある船着場につないでいた。川の水が増えると、水に漬かった水田の上まで引き寄せてつないでいたが「大雨で舟の中に水がたまり、くみ出せなかった。舟は流れに回されしゃくられて壊れ、流された」のだと言う。「当時でも1隻100万円はしただろう。父はがっかりしていた」。水はその後も増え続け午後8〜9時には千石橋も渡れなくなった。北さん宅の近くにある椿橋も水没した。今、橋の高さを見ると水位は10メートル余りも上がっていたようだ。水が引くと対岸の近鉄の線路のレールが曲がっていた。

遊覧客を乗せ吉野川を下る屋形船。昭和30年代の下市町・千石橋上手か。今では失われた光景だ。このころに比べると川の水量が減ったという（下市町教育委員会提供）

遊覧の舟は下市の料理屋と契約し、阿知賀の上流の美吉野橋から下流の大淀町・鈴ヶ森まで約5キロメートルを下っていた。客を乗せた舟のほかに船頭が漁をする舟がつく。舟に積んだ石を投げる「投げ込み漁」でアユを捕らえ、舟上で料理し客に食べさせた。そのころは「村に船頭が8～9人いた」。石の上でカジカガエルが鳴いていた。「捕まえてコップに入れるとよく鳴いた。カジカの数も今は当時の3分の1ぐらいだ」。舟を上流に運ぶ時には3人が岸を歩いて綱を引き、舟の前部と後部で竿を持った人が向きを操作した。帆は「そんなに風がない」ので利用しなかった。当時は阿知賀周辺も今より深く「筏を流すため大淀町寄りの1カ所の水路に水を集めていたから水が多いように感じた。あのころは自宅でも瀬音が聞こえた。今は聞こえないが」。

かつて川の岩や瀬、淵に今では思いもよらないほど細かく名が付いていたのも筏流しの名残だった。今井清三郎さんによると「付けたのは筏師。今の人は言っても分からなくなっている」。急流を下る彼らにとって狭い水路の正確な情報は安全のために不可欠だったのだ。

北さんは伊勢湾台風で3隻の舟を失った後、父親が亡くなってからも3～4年の間は、料理屋などの勧めで残った舟を使った川下りを続けた。しかし「そんな優雅な遊びをする時代ではなくなった。川に友釣り客が増えて網漁解禁が9月になり、舟の客のためにアユが取れなくなったし。今では追い込み（投げ込み）漁の石を放れる人もいない。石は下流側から放る。5分間ほどの間に30個以上の石をアユの群れが丸くなるように放らないといけないから難しい」。吉野川を下る屋形舟が見られたのは1965年ごろまでだ。

つるべすし弥助48代目

吉野川のアユが、少なくとも江戸時代中ごろには大阪でも評判だったことは、大衆の楽しみだった芝居に取り入れられたことでも分かる。

「御上り鮨所」の額と宅田彌助さん。アユずしをつくってきた「つるべすし　弥助」48代目当主

下市町下市の「つるべすし　弥助」は延享4（1747）年、人形浄瑠璃が初演し、歌舞伎にもなった『義経千本《よしつねせんぼん》桜《ざくら》鮓《すし》屋の段』で広く知られるようになった。戯曲は大阪の二世竹田出雲らの合作。壇ノ浦で敗れた平家の武将、平維盛《たいらのこれもり》を、かつて彼に仕えた「吉野下市」の「名物釣瓶鮨《つるべすし》屋の弥左衛門」が、「弥助」と名を変えさせてかくまう。勘当息子の「いがみの権太《ごんた》」が、ほうび目当てに維盛の首を追っ手に差し出す。弥左衛門は息子を刺し殺すが、実は心を入れ替えた権太が、維盛を助けるために仕組んだ芝居で、首は旧主の身代わりにと弥左衛門がかねて鮨桶《おけ》に隠しておいた別人のものだった――という筋だ。芝居は評判になり、大阪言葉で今もやんちゃ者を言う「ゴンタ」は「権太」から来た。鮨桶は重要な小道具だ。「弥助」は弥左衛門を祖としてきた。48代目当主の宅田彌助さん（1944年生まれ）によると「釣瓶

塩をしたアユと飯を漬けて発酵させ、なれずしにした曲げ物の鮨桶

鮨は発酵させたアユのなれずし。塩をしたアユとご飯を４、５日、密封し、圧力をかけておくと発酵して塩と酸味が効いた味ができる。保存がきくのでみやげにした。ご飯も食べ、固くなると小刀で切って火であぶった。名は木の曲げ物の鮨桶が釣瓶に似ていたから付いた。日本のすしは、元々はなれずしだった」。

芝居ができた18世紀半ばごろには、吉野川のアユとそのなれずしが大阪にまで知られていたことはわかる。少し前の享保21（１７３６）年刊『大和志』も「吉野阿由《アユ》」を吉野名物に入れ「下市でうまくすしにする」と紹介。当時、下市は吉野川流域の物資流通の拠点としてにぎわい、わが国初の手形とされる「下市札」も出していた。「弥助」の当主も元和年中（１６１５〜24）、札を出した、と書いた天明３（１７８３）年の古文書があり、下市の有力者だったことを示す。

店では、慶長年間（１５９６〜１６１５）、すしを

今も「つるべすし　弥助」で出しているアユの姿ずし

御所に献上したと言い伝え、「御鮨屋　御上り鮨所　弥助」の古い額が残る。明和9（1772）年の古文書『献上釣瓶鮨書付控』には、現在の吉野、大淀、下市町の流域7村がすしを献上、下市村の「御鮨屋　弥助」が代わりにつくり、その「釣瓶之蓋《ふた》」の上には「御上り御鮨所」と印してきた、と書いてある。

アユずしはこの地域でも特別なごちそうだったのだろう。

「弥助」では現在、なれずしはつくっていない。宅田さんは「なれずしは17～18年前にやめている。発酵させるのに4～5日かかり、（注文の）予測ができないので食べごろと合わせるのが難しい。今は酢飯を使う一夜押しの早ずしの生鮎ずしと新しくつくった焼鮎ずしがある。すしはこの店の原点だから必ず客に出す。ほかの料理はそれに付けるもの」と伝統への思いを語る。

『千本桜』は下市など当時の流域の様子、人々とアユとのかかわり方を語っている。

弥助——料理し客に出す側としては

宅田さんに吉野川とアユについて尋ねてみた。料理し客に出す側の見方には、釣り人とはまた違う厳しさがあった。

「以前、吉野川は上流の森林が豊富で水量も多く、アユも天然遡上《そじょう》して、もっといた。下市、大淀の川は、瀬と緩やかな所が連結し、流れがきついため底に砂がたまらず石ころになっている。アユが育つのにいい中流型の川だ。縄張り意識が強く、絶えず格闘し運動していないと理想的なアユにはならない。この辺りのアユを昔から桜アユと言う。吉野山との連想もあるが、確かにこの言葉に示されたような美しく良いアユが育っていた。桜の花びらを食べるからというのは俗説だが。中流域のアユはどこの川でも結構いい。そんな川ならどこでもアユ自慢があるだろう。上流は、水は澄んでいるが、冷たく水量も少なくて餌の珪藻もあまり付かない。流れがきついので運動が激しく、身が細く頭でっかちの目刺型になる。逆に五條から下は流れは穏やかで珪藻も付くが、瀬がほとんどなく、運動しないので、身は締まらず、ぼてっとしている」

「弥助」では代々、大淀町佐名伝から吉野町楢井《ならい》辺りまでのアユを購入してきた。「いいアユが取れるのと、近いから新鮮」だからだ。アユを選ぶには「釣ったほうが値打ちがあり、知り合いの釣り人から買っている。網だと内臓が破裂していることがある」という点も考える。上市の島田吾一さんは、かつて「弥助」に取ったアユを入れていた。網漁にはしめ方に工夫があった。「仲買人が僕のアユを好んで買ってくれた。網にかかったのを水に潜ってすぐ骨を折ってしめ、血を止めてしまう。網を上げると（骨を折ったところを境に）体の上半分と下半分の色が違っていた。その仲買人はそればかり買っていた。釣ってもすぐしめるといいが、生かしておくと半殺し状態だから後で臭くなる」。鮮度を保つための工夫だった。

宅田さんは時期によりおいしい食べ方があると言う。「姿ずしには6月ごろの皮が柔らかい若アユがいい。7～8月のは塩焼きに。大きいから食べがいがあり、焼いてパリッとする。アユのおいしい味は身より皮にある。皮のぬめりにキュウリのような香りと独特の味が潜んでいる。若い女の人は皮をむいて内臓を出し、身だけを食べるが皮を食べんと。身だけだと淡白だ。皮には焦げ目がついていないと生臭くおいしくない。修業中の料理人は魚を焦がしたらいかんと思うが、絶対にキツネ色になるまで焼け、と言っている」

現在、「弥助」では従来の区域だけでは希望のアユがそろわず、上流の川上村や熊野川、和歌山のほかの川からも調達している。「ここにはいいアユがいない。近年はアユの質が落ちた。上流のでもここまでなら辛抱できると言えるものは買っている。熊野からは運ぶのに半日かかり条件は悪いのだが」。現在の吉野川の状況については嘆きが出る。「宅地造成地からの泥、家庭排水の影響もあるし、水量が少なくなった。アユの捕獲量も減っている。昔はこの町にも卸の人がいて大阪にも出していたのだが。今は商売として成り立たない」。納得できるアユを求めて苦闘が続く。

終戦後の1951年、下市町を中心にした「大和若鮎川柳会」が出した会誌『川柳　若鮎』6月号に大阪の川柳作家、本田渓花坊が、大阪でいかに吉野川のアユがありがたがられていたか、を紹介している。「鮎の季節、大阪の料理屋或は一般家庭で食膳に上す鮎は甲も乙も唯吉野川の鮎という」「吉野川の鮎は芳香、肉もよく珍重がられている」。「鮎の下市」との表現もある。

現在、吉野川のアユは多くが養殖し放流したものだが、宅田さんは「おいしいアユかどうかは、〝天然もの〟であるかないかで決まる」と言う。

「戦後、井堰ができて海から遡上できなくなった。それに魚道があっても、産卵のために下れることが大切だ。底を這って下るアユが、魚道への入り口を見つけられる構造になっていなければ。この川も放流ものが中心になった。この辺の吉野川は、今でも放流の条件がそろっている。琵琶湖のアユでも放すとその川の特徴が出る」

放流の仕方には注文がある。「〝天然もの〟と呼ぶには、何日間、川にいたかが問題。2カ月以上なら100%天然に近くなる。望ましいのは春に放し、6月ごろから釣ったものだ。そんな18~20センチのアユが店に入ると、まず塩焼きにしたい。今は放流して釣るまでの期間が短くなっている。いいアユをつくるというより、釣り人を対象に方向転換したように思う。シーズン中、何回も釣り大会があり、その少し前に放流する。それで釣りといえるのかどうか。しかも養殖アユは団体生活していたからほかを追わず、数多くいるわりには掛かりにくい。アユも、私どもから見ると吉野川のアユと言えるのかなと思う。1週間ぐらいでは天然の体にならない。少なくとも1カ月は川でもまれ、珪藻を食べていないと。店にも放流まもないのや中間の体をしたアユが入ることがある。食べさせる側としては交ざるのがいちばん困る。川に20日くらいいると外見では分からなくなるから。天然化の基準は内臓の脂肪分が抜けたかどうかだ。養殖アユは肉食させるからにおいがし、えぐく、肉がくっつく。内臓を塩辛にした、うるかも、いやなえぐみがある。背びれの下に頭から尾まで白っぽい脂の層が付いている。2カ月以上川にいるとこれも抜ける」

料理する立場から辛口の注文をつけた宅田さんだが「今でも吉野川は全国的に見てもアユにいい川。全国で5本の指に入る。やはり大きい川だし、よその川に比べ汚れも少ない」とも言う。そして「いい天然のアユが育つようにしてほしい。食べさせる側からの切なる願いだ。吉野川は、アユのひのき舞台なのだから」と結んだ。

川柳作家たちも魅了

下市町の下市中央公園に２００１年、川柳作家、河合渡口さん（本名・四郎、１９０３～91）の句碑が立てられた。「手招けば返へす瞳となり下里《り》鮎」（ルビは筆者）の14字が自然石に刻んである。

渡口さんは同町で生まれ、姉の嫁ぎ先の同町下市、「つるべすし 弥助」で働いていた。１９２７年、町で結成された県内初の川柳の会に参加し、以後60余年指導。「弥助」48代目の宅田彌助さんは「アユ料理は全部手がけ、アユには思い入れがあった。けじめある明治の人間」としのぶ。会は１９５０年に「若鮎川柳会」と改称し現在、会員約30人。代表の同町阿知賀、鶴本むねお（宗男）さん（１９３３年生まれ）にとって渡口さんは「自然にご指導を受けた恩師」だった。渡口さんは自分が編集した会誌『川柳　若鮎』でアユへの愛着を書いている。

「学校から帰ると鞄《かばん》を放り出して吉野川で遊んだ。水中眼鏡の間近かを鮎の列が後から後から登ってゆく」「下市を中心とした五条から上市に至る地点は、水質・水流・気温の総てが、鮎に必要な良質の水垢《みずあか》を与え、変化に富む瀬と淀みの調和は適当な鮎の成育を促している」「夏の味覚の王座、形容に尽し切れない若鮎への親しみはここに育つ者のみが知る喜び」（１９６２年７月）。１９５１年当時

下市町の下市中央公園に立てられた河合渡口さんの句碑。一夏を過ごした川を産卵のために下っていくアユへの愛情が伝わってくるようだ

でも忘れられかけていた料理、アユせんべいの説明もある。新鮮なアユを三枚におろし、吉野葛《クズ》の粉をまぶして木で叩き、丸く薄く延ばし乾燥させたものだ。「小吸物茶碗の中にせんべいと塩少量を入れて熱い上茶を注いで頂く。解けてくる鮎の香りと茶の香り、それに心持ち吉野葛の重みのお汁は雅味そのもの、吉野に相応しいものと云へる」

渡口さんにアユの川柳は多い。

ほろ苦きうるかに慈父の味がする

竹串の油が浮いて焼ける鮎

銀いろの喜こび吉野に着いた鮎

台風に悲喜の想い出鮎落ちる

渡口さんが推奨した「鮎のぼる　どこかに幸のあるごとく」は吉野町上市、枡井碧水さん（故人）の作。吉野の川柳作家たちの句には急流を上り、はるばると海へ下っていく姿に感じ詠んだものも多い。今井清三郎さんによると「それらで句をつくるしかないから」だそうだが。古い釣り師の今井さんは、柳号「一竿」の会同人で今は事務局担当。渡口さんの指導を受け「こうしろとは言わず、ほめて自分で納得させた」と人柄を振り返った。

ダム湖に適応して繁殖

アユは意外なたくましさを見せることもある。吉野川の支流、津風呂《つぶろ》川をダムでせき止めた吉野町の津風呂湖とそこにそそぐ小さな川では、放流された琵琶湖産アユが、ダム湖を元の湖代わりにして自然繁殖している。

同ダムは1961年、完成。それに伴い津風呂湖漁協が発足した。組合長の同町平尾、山本常次さん（1936年生まれ）は、ダム湖に流れ込む津風呂川と柳川でアユの天然ふ化が確認されたのは1967年と記憶している。当時、組合の事務局を担当していた。「組合長だった大西正明さんが津風

稚アユ保護のため津風呂川に立てられた看板（吉野町入野で）

懸命に津風呂川を上る稚アユたち。けなげな姿に思わず声援を送りたくなる

外来の肉食魚・ブラックバス。アユや元から自然分布する魚たちの天敵だ（和歌山県立自然博物館）

呂川で稚魚を玉網ですくい『アユがここでふ化している』と言ってきた。興奮していた。桜の花が散った時分、4月の末だった」。半信半疑で持ってきた魚を見るとまさしくアユ。すぐ川に見に行った。「体長6～7センチの魚の群れが、川の真ん中に黒い玉をつくり、帯のように連なっていた。淡水でアユが繁殖するのは琵琶湖だけと思っていたからうれしかった。ここでふ化するとは思ってもいなかった」。漁協は川に湖産アユの放流を続けてきてはいた。それまでも春から初夏にかけ、川で稚魚の大群は見ていた。しかし「オイカワもいたし、放流したワカサギと琵琶湖からアユにまぎれて入ったホンモロコは、大繁殖していたからそれらか、と思っていた。まさかアユとは」だったのだ。

山本さんによると、津風呂川の湖産アユは9月末～10月末、下流の小石交じりの砂底で産卵、10～11月にふ化し、ダム湖に下って冬を越す。春、湖面をのぞくと、緑色がかった稚アユの群れが、固まりの先頭がじょうごの口のように細く伸びて進み、団子状の本隊が続いて移動する、アユ特有の泳ぎをしている。川への遡上は4月末～7月初め。山本さんによると「雨の後、少し濁った時によく上がる」。繁殖数は約300万匹という試算もある。琵琶湖同様、ダム湖で一生を送るものもいるという。

以前、ここの稚アユを釣って天川村などの川に放した人がいた。アユは湖産の習性を伝えて「友釣りの時、追いがよい」と評判になった。県漁連は2003年、ほかの川に稚アユを供給するため、津風呂川に採捕施設を設置した。その前から、放流アユが「病気などに〝弱い〟」と問題になっており、良質の種苗を県内で確保する狙いだった。この年は6漁協に6000匹を供給。目標は1万匹以上だ。

いつの間にかバス釣りでも知られるようになった津風呂湖。漁協は今でもブラックバスを容認してはいないのだが

山本さんは「提供先の漁協からここの稚アユは縄張り意識が強く、近年問題になっている冷水病も割合少ないと言われた」と言う。血が濃くなるのを避けるため、琵琶湖から産卵用親アユを送ってもらい、放している。「たくさん取れる施設を造って、県内漁協の要求を満たせるようにしたい」というのが山本さんの夢だ。

山本さんは「夏は川につかってばかりいた」子どものころ、津風呂川には和歌山から海産アユが遡上していた、と言う。

琵琶湖産アユは、放流先で産卵しても、稚アユは海に出たら生き残れない。津風呂湖の湖産アユは、本来は海産アユが上っていた河川で、皮肉なようだが、人が建設したダム湖があったから繁殖できたのだ。

奈良県内では、熊野川の池原ダム湖（上北山村、下北山村)、七色貯水池(下北山村)などの川でも湖産アユが自然繁殖している。

津風呂湖には、放流も含めた人工的な環境下で、アユ以外の魚たちも定着、自然状態ではまず起きないような増減を見せた。

山本さんは「ダムができて5年ぐらいしたら、目立って増えた魚がいた。放流したワカサギ、アユと一緒に琵琶湖から入ってきたホンモロコも。モロコは今は全然いない」と言う。

その後に減少した大きな原因は、外来の肉食魚らしい。「ケタバス(ハス)は琵琶湖から入り、大繁殖して食われたワカサギが一時いなくなった。ワカサギは一昨年、卵を再放流したら繁殖している」。ハスは、長さ30センチに達し、体型はオイカワに似ている。口は小魚を捕らえられるようにへの字形に曲がり、小アユなどを捕食する。自然分布は琵琶湖・淀川水系と大和川水系、福井県・三方湖。

ブラックバス(オオクチバス)とブルーギルの影響は大きかったようだ。「1980年ごろ、誰かがバスを放しすごく増えた。ブルーギルが入ったのも同じころ」。共に北米原産でバスは体長50センチに成長。より小型のギルは魚の卵を好む。「元からいたオイカワはバス、カワウに食われ一時は全滅状態になった。今は増えている」そうだ。

山本さんが「魚は新しい所では増える」と指摘したように、外来の動植物が天敵やライバルがいない新環境で爆発的に増え、その後、ほかとのバランスの中で数も安定してくる現象は、まま見られることだ。津風呂湖でも「バスも入って2年ぐらい異常繁殖したが、ギルに卵を食べられているようで減っている。ハスも減った。最近は生態系が落ち着いてきているようだ」と言う。

流れは五條盆地に

源流から谷や河岸段丘の間を流れてきた吉野川は、奈良県内最下流の五條市に入ると両岸から山が迫る急流となり、やがて市街地がある開けた五條盆地に出る。川の形態はやはり中流型だが、幅は広く穏やかで、それまでとは少々様子が異なる。五條では、アユを取る同じ漁法にも、その上流地域とは異なる点があった。

同市五條、森本和男さん（１９５５年生まれ）は「幼稚園のころから川で遊び、川で育った」と言う。秋には落ちアユ目当てのサエン漁（サヤ漁）を仕掛けてきた。場所は自宅近くの大川橋の上手だ。この漁で上流ではアユの群れに網を投げたが、五條では網を川に固定した。「ここでは川が広く、流れがゆるやかなことが関係しているのではないか。やり方は先輩たちから受け継いだ」という伝統的な方法だ。

アユを掛ける刺し網の置き方は、２通りあった。

一つの置き方では、吉野、下市町などと同じように、まず川にロープを何段か重ねて張り渡す。網は、ロープの上流側に、への字の山のほうが上手に向くように鉄ぐいで数組を固定した。下ってきたアユがロープに気づき警戒して反転すると網に掛かる仕組みだ。もう一つの配置法では、割り竹を編んだすのこを川に渡し、その下流側に、網をコの字の口が下流側に向くようにして5組くらい置いた。すのこは、流れてくるごみを止めて網が汚れにくくするのと、流れの淀みをつくるのが目的だ。狙いは淀みに入ったアユだ。「産卵期のアユは、瀬を避けゆったりとした所で休憩するから。下りアユはお腹を大切にするとも言っていた」と言う。すのこにはアユが下る通路を設けた。どちらのやり方でも刺し網は「昼も夜も川につけっぱなし。昼間は網の目がアユに分かるから掛かるのは夕暮れから翌朝にかけてだ。見張ってはいないので時間は分からない。濁って網が分かりにくくなると、昼夜を問わずポロポロ掛かった」。急流ならそもそも網やすのこを設置できない。ともに穏やかな五條の川に向いた漁法だろう。漁期はやはり9～11月ごろ。森本さんも「雨が降って水量が増え、冷え込んで星がキラキラして明日の朝は寒いかなと思うような夜はよく掛かった。いい時は1000匹取れたこともある。雨になるかな、少し暖かい、という夜は掛からない」と、上流でこの漁をしている人たちと同じようなことを言った。

夏、瀬に居ついた若いアユは、瀬に向けて刺し網を張り、石を投げて追い込んで取った。アユが取れると網に掛かっているうちに水に潜り首の骨を押さえて外す「骨を合わす」ことも教えられた。

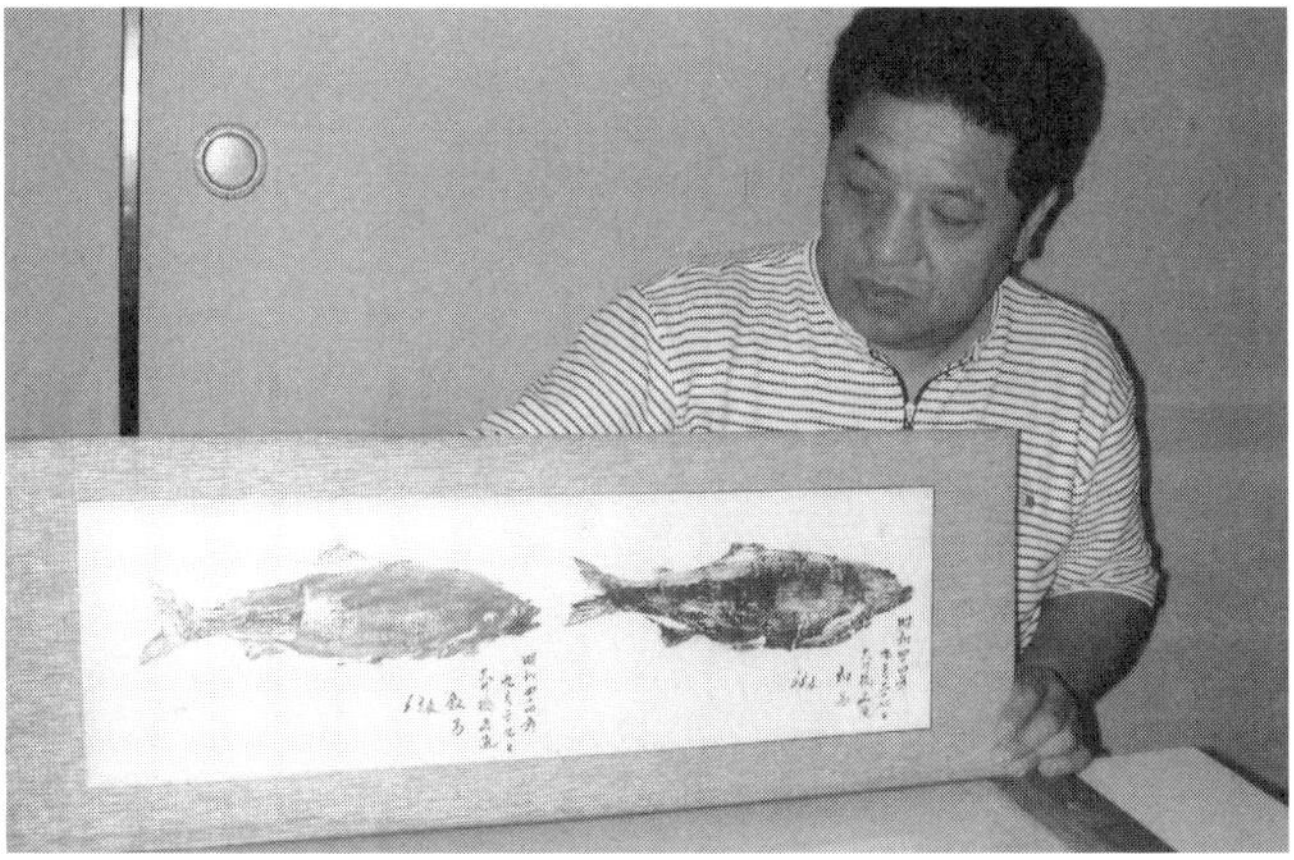

森本和男さんと1969年に取ったアユの魚拓。吉野川でアユが豊漁の年だった。少年の日々を思い出させる宝物だ

かつて五條で使われていたいろんな漁具。大小のヤス、水中を見る箱めがね、竹製のビクもある。中央の竹に巻いたワラはアユを刺した串を立てて干したらしい

「逃げるから」だが、鮮度を保てるともされた方法だ。

森本さんは、1969年に取った2匹のアユの自作の魚拓を、大切に保存している。9月末、大川橋の上流で刺し網に掛かった。1匹は27・5センチ、もう1匹は27センチ。「その後にも大きなのは取っている。魚拓も下手」と言うが、墨のアユからは13歳の少年の胸躍るような喜びが伝わってくる。

取ったアユは「好きな人に上げた。漁を楽しみにしてくれている人たちがいたから。漁を楽しむだけだった」そうだ。

下る季節は家庭料理に

五條に、上流から世に知られたアユが下ってくる時期、かつては家庭でもアユは普通のご馳走だったという。父親もアユ漁をしていた森本さんは「下る季節になれば、漁をする者がその家にいると、しょっちゅう食卓にのぼる魚だった。高級魚ではなかった」と子どものころを振り返る。

そのころ森本さんがおいしいと思ったのは、下りアユでも卵を持っているメスだった。「ミソで甘辛く炊いたのでよけいおいしいと感じたのかもしれない。特に卵がおいしかった。子持ちのメスは焼

五條市街地を外れ和歌山県境へと流れる吉野川。川の形態はまだ中流だが、流れはだいぶん緩くなった

いても卵に火が通りにくいから。ミソをゆるくし煮詰めた。ミソ煮は今でもうちの子どもは好きだ。いったん焼いてさまし、甘ミソで甘辛く炊いたり、それをさらにフライにした料理もあった。オスは肌が黒くおいしくなかった。父親は竿釣りもしていたが、夏に釣ってきた若アユは身がぴちぴちしていておいしかったという感覚はない」

アユ雑炊にもミソを入れた。川魚特有の臭みが消えるから、という。「白ミソ仕立ての雑炊は我が家特有のものだった。母の工夫でしょう」と森本さん。アユを番茶で炊くと骨まで柔らかくなった。

森本さんの父親の弟は、すし屋をしていて2隻の屋形舟を持ち、1963年ごろまで客を乗せていた。同市六倉《むつくら》町から小島町の栄山寺の下の川まで下りながら船頭が網を打ち、アユを食べさせた。舟でもアユは焼くほか雑炊にした。「雑炊はミソ仕立てだったと思う。

小学2年の時、最後の年に舟に乗せてもらった。楽しかった。目が水面と同じ高さで、普段見ている川とは景色も違った。周りの岩場や山がきれいだった。よかった。脳裏に焼きついている」。忘れられない思い出になった。

森本さんは、秋に川を下るモクズガニを取るモンドリにもアユが入ったと言う。モンドリは、流れにつけ、魚やカニを取る「筌《うえ》」の吉野での呼び方だ。細長い木箱や竹籠《かご》を使い、普通は入ると出られないよう入り口にかえしをつけている。ほかの川では今も下りアユ漁に、細い竹のたばの一方を結び、じょうろのようにした筌を使う所がある。その筌は、かえしがないのが特徴だ。頭から下って狭いほうに突っ込むと引き返せないアユの行動に合わせている。東吉野村小栗栖、桝本実雄さんは実際に「竹を割ってラッパ状にし、石を積んで口を上流に向けておくと、アユが頭から入っている」体験をしている。この漁具の名は『古事記』に「阿陀《あだ》」（五條市上流部）で「筌《うへ》をうちて魚《な》取る」と出ている。この場面は『日本書紀』では「梁《やな》を作《う》ちて」、『万葉集』の歌では「阿太人《あだびと》の魚梁《やな》うち渡す瀬」と簗になっている。「万葉集」の別の歌では筌を「伏《ふ》せ置きて」と現在と同じ使い方もしているから『古事記』の阿陀の「筌」は簗のことのようだ。その検討は別にして、モンドリで実際にアユが取れるところを見ても、五條では筌を使った落ちアユ漁もしていたのではないか。

五條の川魚商「阿以や」

かつて五條には川魚を扱う店があり、地元のアユを大阪や上流の吉野方面へも送っていた。五條産は吉野川のアユの名声の一翼を担っていたのだ。

五條市新町、河﨑眞左彌さん方は吉野川に面し代々、川を利用した運搬業のかたわら、川魚商を営んでいた。明治初年の文書にある、新町街道の諸魚売買6軒の一つで河﨑さんは6代目。今も残るアユを入れた木のトロ箱は、底に割り竹を並べ、側には「川魚商」とともに「あいや」「阿以や」と書いてある。「あい」はアユ。これが主要な商品だったことが分かる。新町街道は和歌山に通じる主要道だった。

「阿以や」が生アユを売っていたのは戦争中の1943年、河﨑さんの祖父の代まで。河﨑さんに商売の記憶はないが「アユ解禁の日は忙しかった。五條市内に届ける家があり、その後は大阪などの親戚にも送った」と聞いている。アユは漁をする市内の知り合いが毎年、届けてくれた。家には氷で冷やす銅製冷蔵庫があり、アユを入れていた。その上の棚に、箱などに貼るアユを描いた木版ラベルが、たくさん置いてあったことは覚えている。家には細長い火鉢のようなカンテキもあった。河﨑さんは

「その上に串を並べて焼いたようだ。生アユが売れ残ると焼いて売ったらしい。祖父から、煙のにおいが魚にしみ込まないように上からうちわであおぐと聞いた。ハエジャコ（オイカワ）は初めから焼いていた」と言う。生アユは、近鉄線を使って吉野にも出荷した。父親が当時の国鉄で吉野口駅まで運び、吉野から取りに来た人に渡した。アユの商売をやめても10年ほどは毎年「アユ屋はどこか」と訪ねてくる人があったそうだ。

郷土史に関心を持つ河﨑さんは、アユを並べた容器とそれを収めた竹かごも保存している。新町通（街道）をはさんで斜め向かいに住んでいた人が、五條のアユを大阪まで列車で運び行商するのに使ったものという。

子どものころ、第一の遊び場は吉野川だった。小学校の上級生になると、川底の石の下にいるウナギを探してヤスで突いた。石は下流側からめくり「しっぽが見えてもそこを突くと逃げられる。もっと体の上のほうを狙わないと」。長さ40センチほどのウナギが取れた。

アユは子どもには手が出なかった。岸辺で遊んでいると、5メートルほど先の瀬を水中眼鏡をかけた大人が泳いで下り、30センチほどの竹の先に付けた針でアユを引っ掛けていた。アユが掛かると針を結んだひもが竹から外れる仕組み。縄張りアユを狙った漁だ。「あんなこともできるのかな、ぐらいにしか思わなかった」思い出がある。

これまで見てきたように、日本人は、愛するアユを通して、川の水質、水量、形態の変化、水源地

河﨑眞左彌さんと「川魚商」「あいや」「阿以や」と書かれた木箱。底に割り竹を並べアユを入れた

五條のアユを大阪まで運んで売るため並べた容器とそれを収めた竹かご

の山の様子までを、感じ取ってきた。それは身近な体験から自然を全体的に捉えようとする方法ともいえよう。私たちは、アユをはじめ川の生き物たちと、同じ世界を生きているのだ。そのことを知れば、川の在り方を考える時、たとえば、「アユが大事か、人が大事か」などという議論は入り込む余地がないと思う。近年のアユの不漁、「味、香りが落ちた」などの声は、吉野川だけに限らないようだし、原因はダムの影響、水質、冷水病のほか、カワウ、ブラックバスなどの増加に伴う食害などの説があるのだが、川の現状についてアユが警告しているようにも見える。我々は、おいしいアユを食べられることに、もっとこだわったらよいと思う。実際、それだけの値打ちがある魚である。それは次の世代に渡すべき川の形について考える糸口にもなり得るのだ。

第2章

川の生き物と人の暮らし

水源、上流の変化・源流の谷のカワノリ

源流から下流・河口まで、それぞれの環境に応じて分布するアユ以外の動植物も、川の変化に左右される。

吉野川の最上流・川上村入之波《しおのは》の渓流の岩に「カワノリ」が生えている。福島県以南の太平洋側の渓流に生えるカワノリ科の緑藻で日本特産だ。葉は長さ1～15センチ、幅0・5～4センチ。四国、九州などでは、この葉をすいて乾燥させ、食用にしている所もある。このノリの生育は水がきれいな証し。入之波の現地でも元々、量は少ない。自生地の一部は大迫ダムで水没した。このノリが見つかっている場所の一つ、コウシギ谷（地元では「ごうすぎ谷」とも言う）の生育地は、1954年、奈良県天然記念物に指定された。カワノリの自生地としては、県内で1カ所だけだ。

地元の自然観察指導員、北岡藤吉朗さん（1934年生まれ）は1965年ごろ、四国から山仕事に来ていた人からカワノリの話を聞いた。「谷の奥で見つけ、夕方、仕事が終わってから行って採り、酢あえにして酒のあてにした、と言っていた。私らには初めて聞くものだった。四国の人以外は食べようとはしなかった。利用するほどの量もなかった」

北岡藤吉朗さん。背後はカワノリの自生地の一部が水没した大迫ダム湖（川上村入之波）

乾燥させたカワノリ。流れの中では緑色だが乾かすと茶褐色になり水でもどすとまた緑色に戻る（川上村教育委員会保管）

北岡さんによると、生えているのは、短時間日光が当たり、一枚岩の上を浅い瀬が洗っているような所。「塩ワカメみたいな濃く青みがかった葉が群生し、一つのかたまりのように水になびいている。手に取って広げると透き通り、向こう側が見えるくらいだ」。7~8月によく伸び、台風のころが最盛期。台風の増水で流されるが、根が残っていればまた生える、という。年により生える場所は変わることがある。1カ所の量は少ない。「条件がそろったよい岩だ、と思っても付いていないことがある。石に違いがあるらしい」

カワノリは、地元でも一部の人は以前からあることを知っており、北岡さんは、長老から「ごうすぎ谷のもっと下流にも生えていた」とも聞いた。現在はダム湖の下になっている所だ。渓流釣りをしていた友人が1980年ごろ、ほかの谷に入って「変わったコケや。カワノリではないか」と採ってきたこともある。北岡さんは村教委に連絡した。樹齢100年ほどの人工林の谷だった。北岡さんはこれまで地元の谷で5~6回、見ている。

北岡さんは、ほかの谷で採れたカワノリを食べたこともある。1950年より前だと記憶している。「口当たりは海のノリのようだが、香りはちょっとするだけ。生で酢であえると、こりこりしておいしかった。干して焼いても食べた。川の中では緑色だが、乾燥すると少し茶褐色に変わり、水でもどすと緑になる」

山に詳しい北岡さんも、近年は「見かけなくなった」と言い、気がかりなようだ。1998年ごろ、ごうすぎ谷の上流まで見に行ったが、確認できなかったと言う。どんな山の変化を反映しているのだろうか。

渓流の岩盤の上に生えるカワノリ。自生地が残るには浅い流れを途絶えさせない安定した山林が必要だろう
（1988年川上村入之波の岩・村教育委員会提供）

ウグイの淵

ウグイは流線形の体をし、長さ30センチに育つ大型の魚。急流も上る遊泳力は吉野川の魚たちの中でもトップクラスだ。アマゴが住む上流にも進出できたのは、この遊泳力のたまものだ。

ウグイの味は評価の差が大きいが、内陸山村では貴重な動物性たんぱく源だった。

吉野町上市の釣り人、島田吾一さんは「吉野町国栖から上流では大事にし、川上村では神様に供えていた」と言う。「寒い時は脂肪がのり、1尺（30・3センチ）になったものは、刺身にすると身は淡白で、柔らかいが甘くてうまい。小川（東吉野村）にはウグイ専門の料理屋もあった。産卵は春。新しい川底に卵を産む習性があるから、川底をつくり直して（石を）真っ白にしておくと集まる。ひっかけ釣りするとおもしろかった。産卵するとまずく食べなかった」。取材した8月は「いちばんまずい時」だそうだ。川上村漁協は1988年度まで放流していた。吉野町南国栖の浄見原《きよみがはら》神社で旧正月14日に翁たちが舞を奉納する「国栖奏《くずそう》」では、今も「腹赤魚」（ウグイ）が供え物の一つだ。「腹赤」は産卵期の色。今でもウグイがよく賞味される時期だ。

北岡藤吉朗さんは4月、瀬に産卵のため群れる「ウグイ付き」になった時を狙い、投網で大量に取

スマートな姿で遊泳力を誇るウグイ（川上村「森と水の源流館」）。水の汚れにも比較的強く、川の上流から河口まで分布は広い

った。ウグイは串に刺して火であぶり、乾燥させて盆のそうめんのだしにした。「身は卵に栄養をとられ食べたら味がない」と言う。ただし1～2月は美味だった。「しょう油味で炊いて一晩凍らせ、身を割って食べるとものすごくおいしい。冬はみんな長靴を履き、ヤスを持って川に入って突いた。それ以外の時は食べなかった」。20代のころの思い出だ。

ウグイは普段は川の淵などにいる。北岡さんが「ウグイは淵がないといなくなる」と言い、吉野町上市、菊本和男さんが「ウグイは淵があってこその魚」と指摘したとおりだ。

北岡さんがウグイを取った淵はその後、上流からの土砂で埋まった。１９８０年代から奥の山でパルプ材にするため、原生林の伐採が進み、崩土の発生、土石の流出が社会問題にもなっていた。「いい淵だったのに。今も小さいのはいるが、数はかなり減った」

北岡さんは15歳から23年間、山で「あらゆる作業をしてきた」。1960年ごろから別の谷で原生林を伐採し、跡地でスギ、ヒノキの植林もした。「トガサワラやモミ、ツガなどいい木がありましたよ。ケヤキ、ナラなど幹回り2〜5メートルの木もあった。植林を進めるのは国策で、原生林を切っても抵抗はなかった。50年もすれば金になると思っていたし。事業主は『お前ら、株主にしてやろう』と言っていた。当時は、将来も林業を続けられると信じていて、後で林業がこんなに不景気になり木を切り出せなくなるとも、原生林が見直される時が来るとも思いもしなかった。今はあの林を残しておいたら、と思う」と悔しさをにじませる。切られた巨木への思いは、埋まったウグイの淵へのそれと重なるようだ。

ウグイ　コイ科。上流から河口まで生息、海に出るものもある。北海道から九州まで水平分布も広く、地方名も多い。関東でハヤと呼ぶのはこれ。広い分布は雑食性、水の汚れに耐えられることも要因。ほかの魚には住めない酸性の川、湖にもいて環境への適応力は大きいが、大和川水系と、淀川水系でも木津川水系には、なぜかいないとの指摘がある。

源流の村から

吉野川源流で原生林が切られていく状況に地元の川上村は、危機感を持った。人口約２１００人（２００７年）、過疎化と基幹産業の林業の不振におびやかされている山村だ。

１９９９年、村は伐採が迫っていた源流域の神之谷地区三之公の天然林を「後世に残そう」と公有化し始める。４年間で７４９ヘクタールを買収、「水源地の森」と名付け、保全の方法を定めた条例もつくった。購入費は計９億６９００万円。年間予算の約４分の１だ。大谷一二村長（１９２４年生まれ）は「あの山は個人の財産だったので、木を切って土砂が流出しても、規制の法的手段はなかった。伐採を止め、水源地を守るには公有化しかなかった」と説明する。小さな村の大きな挑戦だった。

２０００年12月、ドイツ領事のマルク・アイヒホルンさんが公有化計画を知って村を訪れた。この時38歳。当時の上田雄一助役（１９３７年生まれ）に「公有化で村が得るものは何か」と質問。「水源地の責任。切ると４００年は元に戻らない山。将来の水源は守れない」と説明されて「こんな小さな村が……。ドイツでは考えられない」と驚いた。「水と生態系を守り次の世代に渡すことの大切さが、ここに来ると実感できる」とも。現在の環境先進国・ドイツは、産業近代化の中で鉄や塩、ガラス製造などの燃料などとして森林を乱伐、18世紀末には森が荒廃した苦い経験を持つ。若い領事は、2002年春の帰国まで何回も村を訪れた。

今、村は「水源地のむらづくり」を掲げる。下流・都市部に向けた発信だ。「水源地」の自覚は、川を源から河口まで一体として捉える視点を村に与えたようだ。

村を支えてきた林業は現在、「切っても山から運び出す費用が出ない」という不況が続く。

山仕事50年以上の自然観察指導員、同村柏木、辻谷達雄さんは「都会の人に水源に来てもらい、実際の山、林業を肌で感じてもらいたい」と1998年から「山の学校　達っちゃんクラブ」を主宰し、山での遊びや古里の生活を紹介、「森」にも案内してきた。2004年秋まで約2100人が参加、2006年度も定員の2～3倍の申し込みがある人気だ。「山村がさびれると水源が荒れる。過疎、林業不況のため山村だけでは水源を守れない。下流の人が、もっと山家《やまが》の人を守ってくれたら」が今の思い。2003年春から「森」を管理、保全する川上村「森と水の源流館」の館長も務める。

都市・下流の協力の方法として、森林を保全する目的の税を新設した県もある。奈良県も2006年4月、個人納税者は年額500円負担する森林環境税を導入した。年3億円を予定し、山林所有者と協定を結んで放置人工林の間伐を進めることを柱とする事業だ。水源地と下流・都市との協力、支援の在り方などは、まだ模索が始まったところだ。

川上村の公有化は注目されたが、大谷村長は「全国でやるのは財政的にも無理。村も当時は余裕があったから」と言う。どこの山村でもできるわけではない。しかも森林を守るつもりでなければ、公有化も意味がない。全国の森林面積のほぼ3割は国有林が占めるが、その伐採が各地で問題になってきた。

「森」、ウグイの淵の下流には1973年、農業、水道、発電用の大迫ダムが完成した。その後、上

川上村が公有化した天然森「水源地の森」。美しい混交林だ。樹種の多さは研究林並み。周囲3メートルのモミの大木も残る

流から土砂、石が流れ込み、堆砂量は計画の105万立方メートルに対し、2003年度で215万8000立方メートルに達している。水源地の伐採と土砂流出の一方、ダムで利水量を確保するのはちぐはぐだ。吉野川に限らず、わが国の河川は山から海まで短く、その急流はアユを育てたが、ダムを造れば石、土砂が流れ込むことは避けられず、各地のダムで堆積が問題になっている。山林と河川を担当する省庁が異なり、治水施策が分割される国の縦割り行政の害は、1881（明治14）年の組織改革で、治山は農商務省の森林行政、砂防は内務省の河川行政の担当になった時から、との指摘がある。1896（明治29）年、治水三法と呼ばれる法律のうちの「河川法」が、翌年には「砂防法」、少し遅れて1907（明治40）年には「森林法」も制定され、行政上の河川の分割が法制的にも固定した。今も、「森林法」は農林水産省、「河川法」と「砂防法」は国土交通省、と担当が分かれる。利水についてはさらに各省の関係が錯綜する。当時の農林省が計画した大迫ダムの目的に洪水対策は入っていない。

川を分断してきた上流・下流の意識差と縦割り行政——「水源地のむら」の課題は重い。

幻のサツキマス

吉野川の魚たちには、その生態にも、なお不明なところがある。それは野生の世界に人間たちが無遠慮に踏み込むことを、拒んでいるようにも見える。人の日常の生活場所から離れた水源や上流ではなおさらだ。

わが国の大きな川の最上流は、サケ科の魚たちの領土だ。吉野川ではアマゴ。体長は30センチほどだ。体側には紺色のパーマーク（小判形の斑紋）があり、朱赤色の点が散らばる。サツキマスは海に出るアマゴの呼び名である。アマゴは秋に上流の浅場の小石底に産卵する。ふ化した稚魚のうち一部は翌年か、さらに1年後の秋、パーマークも消え、銀白色に変身（銀毛化《ぎんけか》）し、冬にかけて川を下る。これがサツキマスだ。数カ月から半年間、小エビなど動物質の餌が豊富な海で過ごし、70～80グラムだったものが500グラム～1キログラム以上に成長して晩春から初夏に川を上る回遊魚である。

川上村白川渡、山口梅次郎さんは1935年ごろ、近くの吉野川でサツキマスを見ている。

「夏、家の下の川にアユを引っ掛けに行き、岩の上から箱めがねでのぞいたら、流れの中を泳いでいた。いる場所を決めていて、ちらっとは動くがまた同じ位置にじっとしている。背丈ぐらいの深さのきつい瀬だ。銀色で30センチ以上あった。ああ、大きいな、と思ったことを覚えている」。当時でも珍しく「あそこに大きなマスが来とるわ。引っ掛けても糸がもたんわな」と何日も人が見に来た。結局「誰もようとらんかった」。

吉野町の津風呂川は低い山の間を流れ、現在は本流との合流点から約2・6キロメートル上流に津風呂ダムができている。同町平尾、山本常次さんは、かつては和歌山の海からの天然アユが姿を見せたこの吉野川の支流に、サツキマスも上っていた、と言う。子どもたちにとって遊び相手の魚の中でも別格だった。いた場所は、本流とダムとの中間ぐらいの所だ。「今、ダムの下流の津風呂湖温泉がある所の上手に淵があった。深さは4メートル、川幅は5メートルぐらいのこの淵に夏、2、3匹潜んでいた。淵の中にいるとわからないが、少し浅い瀬に出た時に見えた。上から見ると薄銀色だ。体長は50センチぐらい。見つけると、もう胸が高鳴り、取るまで毎日、川に通った」。マスは、人が捕まえようとして淵に入ると底のほうに移った。「3メートルぐらいの深さまで追いかけてもぐり、波が少ない淵の下手に移った時に、ゴムで打ち出す鉄砲ヤスで突いた。わりとゆったりと泳いでいて、オイカワのほうが速かった。取れるのは一夏に1匹程度。毎年いたわけではない。取るのは禁止されていたから、漁協の監視人に見つかると石を放り込まれた」

2005年11月4日、言われた場所に行ってみた。流れは浅くなり、深さ15～20センチの瀬になっていた。当時の面影はない。津風呂川のサツキマスは完全に姿を消した。

朱赤色の点が散らばるアマゴ。この点の存在でよく似たヤマメと区別できる（川上村「森と水の源流館」）

釣り師が「渓流の女王」と呼んであこがれるアマゴ（御勢久右衛門さん提供）。ヤマメより飼育しやすくよく養殖され、スーパーでも売られている。

アマゴ。産卵中のようだ（御勢久右衛門さん提供）。ヤマメとは本来の分布域が異なるので、放流する時は生態系への配慮が必要だ

サツキマスがいた津風呂川。当時は淵だったが今は瀬だ

吉野町上市、菊本和男さんが「上市の吉野川でも伊勢湾台風（１９５９年）まではいた」と言った「カワマス」もサツキマスらしい。菊本さんは「６月から上ってきていた。マスは年中いた。川上村まで行っていた」と話していた。サツキマスは、晩春から初夏にかけて成魚が海から上り秋の産卵まで川で生活する。入れ代わるように前年か前々年にふ化し銀毛化した若い個体が秋から冬に海へと下るから、吉野川で捕獲されるのは稀なこともあり、年中いるように見えたのではないか。

今、吉野川でサツキマスは、もはや幻の魚だ。和歌山県内に井堰ができたため、１９５８年ごろ以降は遡上していない、というのが釣り人らの定説になっている。水の汚れなど河川環境の悪化もその見方を増幅したようだ。だが、数はわずかでも、ひそかに上っている可能性はある。

郵　便　は　が　き

料金受取人払

京橋局承認

8322

差出有効期間
平成21年９月
９日まで

104-8790

905

東京都中央区築地7-4-4-201

築地書館 読書カード係 行

お名前	年齢	性別	男・女
ご住所 〒　tel　e-mail			
ご職業（お勤め先）			

購入申込書

このはがきは、当社書籍の注文書としてもお使いいただけます。

ご注文される書名	冊数

ご指定書店名　ご自宅への直送（発送料200円）をご希望の方は記入しないでください。

tel

読者カード

ご愛読ありがとうございます。本カードを小社の企画の参考にさせていただきたく存じます。ご感想は、匿名にて公表させていただく場合がございます。また、小社より新刊案内などを送らせていただくことがあります。個人情報につきましては、適切に管理し第三者への提供はいたしません。ご協力ありがとうございました。

ご購入された書籍をご記入ください。

本書を何で最初にお知りになりましたか？
□書店　□新聞・雑誌（　　　　）□テレビ・ラジオ（　　　　　）
□インターネットの検索で（　　　　　）□人から（口コミ・ネット）
□（　　　　　　）の書評を読んで　□その他（　　　　　　）

ご購入の動機（複数回答可）
□テーマに関心があった　□内容、構成が良さそうだった
□著者　□表紙が気に入った　□その他（　　　　　　　　）

今、いちばん関心のあることを教えてください。

最近、購入された書籍を教えてください。

本書のご感想、読みたいテーマ、今後の出版物へのご希望など

□総合図書目録（無料）の送付を希望する方はチェックして下さい。
＊新刊情報などが届くメールマガジンの申し込みは小社ホームページ（http://www.tsukiji-shokan.co.jp）にて

向こうに見える吉野川本流に合流する津風呂川。かつてはここからサツキマス、天然アユが上ってきていた

和歌山県紀の川市粉河の喜福泰晴さん（1968年生まれ）は、川上村に通う渓流釣りファン。遡上の難所になっていた3井堰のうちいちばん下流にある岩出頭首工（和歌山県岩出市）の下で「群れが止まっているのを見た」と言う。

近畿農政局が魚道を改良するため1997年から行っている遡上量調査では、2001年6～7月、同県内最上流の井堰の小田頭首工（橋本市）、その下流の藤崎（紀の川市）でもサツキマスを確認している。

御勢久右衛門さんによると、大阪湾に注ぎ、水が汚れているといわれる大和川の河口にも「20～30匹の群れが来ている」そうだ。

喜福さんは、2002年に吉野町楢井の発電所の上手で釣った銀毛はサツキマスではなかったか、と思っている。「結構細くヒレが大きかった」。アマゴは銀毛化に伴いスマートになるが、それとは違うと言う。

これらの証言を聞くと、吉野川がサツキマスを失った、とは言い切れないように思えてくる。井堰の魚道改良工事は２００４年度の藤崎頭首工右岸工事で予定を終わった。日ごろ、何げなく見ている川の中を、この白く大きな魚が上がっている可能性はあるのだ。

アマゴ　朱赤色の点がよく似たヤマメとの区別点。銀毛化しても朱赤点は残ることが多い。日本特産種。神奈川県酒匂川以西の太平洋側と瀬戸内海に面した本州、九州と四国に分布。渓流に住むが五條市の簗にも掛かる。９～11月、川底をすり鉢状に掘って産卵。産卵にはサツキマスも参加する。サツキマスは産卵後死ぬが、アマゴは翌年も繁殖する。

銀色のアマゴ

サツキマスが上れるとは考えられないような吉野川上流の細い支流で、銀色のアマゴが取れたことがある。本流でも今も時々釣れる。その中には成魚なのに消えかかったパーマークを持つ個体もあり、海から遡上してきたサツキマスではないようだが、普通のアマゴより大型が多いという。

喜福泰晴さんが釣った36センチの銀毛化のアマゴ（上）。中はパーマークがあるアマゴ、下はルアー

川上村下多古《しもたこ》の琵琶の滝は大峰山脈の中だ。高さ約50メートル。水は二段になって落下し、魚はとても上れない。

山口梅次郎さんは、この滝の上で以前、銀毛化したアマゴを取った人がいた、と言う。

「戦後の昭和23～24（1948～49）年ごろ、冬に銃を持って猟に行った人が、長さ40センチの『マス』を見つけた。琵琶の滝の上流だ。流れの幅は5メートルほど。産卵していたという。『取っていんで（帰って）見せよう』と思ったが、網も持っていないので散弾銃を水中に撃って取った。銀毛はそれ1匹だけだったそうだ」。産卵中ならまだ初冬だろう。人が放流した可能性はあるが、自然分布する瀬戸内海側の河川からは山で隔てられ、反対側の有明海に注ぐ九州・筑後川の源流にも、アマゴが生息する。

喜福泰晴さんは、これまで吉野川本流で何匹も銀毛を釣っている。「釣った時、パーマークはキューキューと下に走り引きが強い。銀毛はぐねぐねとして水面に上げても重い感じだ。のそのそと上がってくる」

２００３年８月３日に釣った銀毛は、体長36センチあった。場所は白川渡。「仕事が休みの日で午前９時半から川に入り、ルアーの１投目にきた。ルアーは魚がいれば２、３投で食うので勝負は早い。餌釣りは食うまで粘るのだが。銀毛はまだ少しパーマークが浮いていた。その年に釣ったアマゴの中では３番目の大きさだった。白波も立たない深さ１・５～２メートルの平瀬の岩回りだ」

喜福さんは「夏に死んだ銀毛を見ることがある」と言う。体長は30センチ前後だそうだ。

アマゴは渓流でも比較的開けた場所にいて、水面に落ちる虫などを食べる。本流にも出る。吉野町上市の島田吾一さんは「ここでもおとりアユが弱ると、アマゴが追いかけてきてかみつくことがある。元気で真っ直ぐ泳ぐ間は追わない」という体験をしてきた。島田さんは（上市の川には）「サツキマスはいないが、銀色のマスはいる」と区別していた。

下市町は上市の下流だ。同町新住の古い釣り師、今井清三郎さんは、近くの千石橋下流の瀬で「シラメ」と呼んでいた銀色のアマゴを釣っている。冬季の昼間の釣りだった。「11月初め、落ちアユが終わると、川上からアメノウオ（アマゴ）が下りてきて釣れ始める。餌は川底の石の間にいるゴムシ（トビケラの幼虫）だ。釣れるのは大半がウグイで大きいのは30センチ級だったが、多くは20センチ程度だった」。その中にアマゴ、シラメが交じっていた。「いい日には両方で１日12～13匹釣れたことがある。うちシラメが2～3匹いた。大きさは同じぐらいで24～25センチだった。水が温くなるといなくなる。シラメは銀色の体にピンクの点々があった」

アマゴは銀毛化しても多くは朱赤点が残るが、放流された琵琶湖産アユに交じっていることがあったビワマスの成魚は消えることが多い。

「コオロギを水面で泳いでいるように見せて餌にするトバシ釣りを始めると、アマゴもシラメも大きなのが来た。シラメは30センチほど、アマゴは40センチ余りのもいた」と言う。

「50センチは優にあるシラメに出合った」のは昭和45（1970）年ごろのことだ。「夕方、釣りに行くと波の間から出て、餌を見ていることは見ているが、尻尾で水面を叩いて反転して消える。残念で仕方なく、コオロギの種類を変えて行っても、やはり見には来るがかみつかん。浮き上がってバシッとはねるまではするが。何とかして釣ってやろうと1週間狙ったがだめだった」。魚は昼間は小さなコオロギしか食わず、夜は大きなエンマコオロギにも来た。夜釣りで狙ったのはウグイだ。夜はアマゴ、シラメは食わない。いつも水が巻いている千石橋の下手にある岩の割れ目「一のまい」の夜釣りでは、これでウナギも釣れた。「50センチぐらいで大きくはなかった。ウナギも底にばかりいるわけではない」。今井さんが釣った最大のシラメは41センチあった。「34～35歳のころの1月15日、60年ぶりという寒い日があった。一のまいに、その年に限り、ウグイが黒くなって固まっていた。昼間、ゴムシを餌にし、青々とした波に持っていくなり、シラメが来た。家への帰り道は、わざわざ本通りを通り、意気揚々と人に見せた。八百屋が、売ってくれ、と言ったが、これで一杯呑むんや、と言って断った。こんなに大きいシラメは1回きりだ。30センチ足らずのはちょいちょい釣っていた」

今井さんは、川上村大滝から吉野町樫尾までの通水トンネルの水を工事のため干した時「50センチくらいのマス（シラメ）を3～4本取ったという話を人から聞いた」そうだ。25歳ごろのことだ。シラメは「伊勢湾台風の後も小さいのはいたが、今はいない」と言う。

降海するサツキマスは必ず銀毛化する。浸透圧の変化に備えるためとされるが、湖に出ても銀毛化するから、狭い渓流から開けた水域に出た影響を考える研究者もいる。銀毛化した降海、河川残留両型の区別も難しい。

紀伊半島でも大峰山脈の東、西側から太平洋に注ぐ熊野川には、アマゴより上流にイワナがいるが、吉野川には自然分布しない。2000年6月初め、喜福さんが川上村井光《いかり》の本流で釣り上げたイワナは以前、支流の上流で放されたものらしい。「体長は30センチくらい。掛かるとかなりジャンプした。きれいな魚で白い斑点があり、ひれが大きかった。イワナは初めてで、最初は何かと思った。釣ったのは早瀬が平瀬に移る所。支流が合流しており、大きな岩がある所だった」。熊野川の上流の奈良県野迫川《のせがわ》村・弓手原《ゆみてはら》川のイワナ生息地は県の天然記念物である。イワナの仲間では世界でも南限だ。

いなくなった魚　増えた魚

奈良県内を流れる吉野川には50種ほどの淡水、回遊魚が生息する。うち天然分布は約40種。その分布、種類はこの40年ほどでもかなり変わり、姿を消した魚もいる。それらは川底の状況、水質、井堰の設置など、多くは人間の働き掛けによる環境変化の反映だ。

吉野川には、美声で知られるカジカガエルとは別に、魚のカジカが分布する。ずんぐりした体はスズキ目のハゼに似るが、こちらは海のオコゼなどと同じカサゴ目。仲間のアユカケとともに今ではほとんど姿を見せなくなった。

かつて上流で、カジカは珍しくなかった。川上村武木生まれの杉本充さんは中学生の時、夜にたいまつをともし、ヤスで突きに行った。杉本さんは１９３２年生まれ。「狙ったのは深さ30センチほどの瀬尻。波がなく見やすい。うまくいくと一晩で１００匹も取れた。体長は平均して８～10センチ。味は脂っこくないウナギみたいだった」

カジカの卵はアマゴ釣りの最高の餌だ。近年まで渓流釣りをしていた杉本さんは「２月中旬～下旬から、石の下に真っ黄色な卵を産んでいた。餌用に10個ほど取った。アメノウオ（アマゴ）のいちばんの好物」と言う。吉野川流域ではカジカをバタ、ダイミョウバタ、ゴリキなどと呼んだ。今井さんは40歳のころ、川上村瀬戸、中奥で仕事をした時、アマゴを釣るため卵を探した。「バタはカジカと違うか。卵を産んだ所は、ちゃら場（浅い瀬）のマクワウリくらいの石の下流側に白い砂が出ているので分かる。石の下にカズノコみたいな卵を産みつけていた。粒はカズノコより大きい。薄いのでナイフではがし、粒をつないだ丈夫な膜に針を刺した。カジカの泳ぎは速い。あっと思うとちゃーんと石の陰に隠れている」。カジカは、雄が瀬の石の下に産卵室を作り、ふ化まで世話する。

杉本さんは「武木では水温が低い支流にはいなかった。本流との合流部分にはいた」とも証言した。実際、カジカはもっと下流にも生息する。吉野町上市、島田吾一さんが「子どものころ夜、瀬で上手から網に追い込んだ。大きくて15センチくらい。頭ばかりで食べるところはあまりなかった。横から見ると頭が丸い」と言ったバタもカジカらしい。

もっと下流の下市町下市、大西一さんは「増水の後、上流から流されてきた。長さ15～20センチ」と記憶。今井さんは下市で「朝早く、水が湧く所に10～15匹が固まっていた」光景も見た。「バタは白身でそりゃおいしい。焼いて食べると香ばしい。頭が大きく骨が太くて身はいくらも付いていないが。串に刺して焼き、カラカラに干して番茶で煮しめた」というようにして食べた。

以上の話は整理が必要だ。カジカは今では、川の上流側に陸封された大卵型と、下流側にいて川で産卵し降海する両側回遊の小卵型に分けられている。渓流釣りのエサは大卵型。小卵型も吉野川に遡

吉野川で今は幻の魚になったカジカ。美味で知られ養殖も試みられている（和歌山県立自然博物館）

この体型でアユを捕食するアユカケ。えらぶたの針でアユを刺して捕らえるという話は各地に伝わるが、確かめられてはいないらしい（和歌山県立自然博物館）

ギギ。かわいい顔だが小魚などには恐ろしい捕食者。死にかけると体が黄色っぽくなる（滋賀県立琵琶湖博物館）

上した。

今、杉本さんは「どの川でも20年も30年も見ていない。川上村のどこにでもいたのに」と不思議がる。上流の川上村白川渡、山口梅次郎さんは「このごろは見なくなった」魚の一つにカジカを挙げた。中流の吉野町上市、菊本和男さんもいなくなった魚の中に「バタ」（カジカ）を入れた。小卵型も「紀の川ではごくまれに上る」（和歌山県立自然博物館・平嶋健太郎学芸員＝回遊淡水魚）状態だ。生活、繁殖に瀬と石底が必要な彼らは「底にへばりついているから伊勢湾台風は大きかった」（杉本さん）ように、砂、泥が堆積したりすると打撃を受けやすい。

アユカケは近年、汽水域や海沿岸での産卵が確認された降河回遊魚である。吉野川では、下流の五條市から川上村大滝まで分布。動きは鈍いが、アユを捕食する――おそらく待ち伏せで。杉本さんは「えらぶたの隠し針で捕らえるという。熊野川の瀬でアユを釣っていると弱ったオトリを追った。川上村の『森と水の源流館』の水槽に入れたらアユを食べられた」経験がある。尖ったえらぶたの先でアユを刺して捕らえる、という伝承が、吉野川以外の川でもあるが、確認例はないようだ。カジカと混同されることもあったようで、島田さんは「バタも尖ったえらでアユを捕らえて食べると言っていた。自分は両方の区別はできなかったが」と話していた。遊泳力は弱く、高い井堰は越えられない。川と海との往来が遮断されると直ちに種の維持が難しくなる魚である。御勢さんは「（吉野川で）このごろは見ない」と話していた。

アカザ。大きなひげで夜間でも石の間の虫などを探す。赤っぽい色と形は一度見たら忘れられない。人間の営みがもたらす環境変化には弱い（御勢久右衛門さん提供）

コイに似ているが、よりスマートなニゴイ。遊泳力があり小さなアユなどものみ込む。上流側に砂泥底が広がるのにつれ、下流側の本来の生息域から進出している（川上村「森と水の源流館」）

これらカジカ科の魚たちの減少は、川が海から切り離されたことも大きい。

吉野川には、ほかにも減ったりいなくなった魚、逆に近年、増えている魚がいる。

山口さんは、このごろは、カジカのほか次の2種類がいなくなったと話していた。

「ギンギュはナマズを小さくした形で長さ15センチぐらい。とげで刺されたら痛い。これに似て赤みがかったのもいた。チチコはカジカを小さくした形でまだ少しはいる」

「ギンギュ」はギギ科のギギ。長さ30センチほどになり、黒い。同科のほかの魚同様、背びれと胸びれのとげに毒がある。名は胸のとげと骨をすり合わせギーギーという音を立てることから付いた。昼は岩陰に隠れ、夜間、石の間の水生昆虫などを探す。産卵は石の下など。アユの友釣りのオトリを追い、針にかかることもある。これの「赤みがかった」というのはアカザだ。体長は9センチほど。口の上下に4対のひげを持ち、夜間や水が濁った時に、川底の石の間を泳ぎ回って虫などを探す。暗いダイダイ色でナマズを小さくしたような形をしている。

「チチコ」はハゼ科のヨシノボリの類らしい。吉野川筋では、ゴリ、ゴリキとも呼ぶ。

これらは、やはり川底の石のすき間が必要な魚だ。泥に弱い点も共通している。

ギギは川の中流では、普通に見られる魚だ。筆者は1997年4月、体長5センチほどのギギを取り、翌年10月末まで水槽で飼ったことがある。瀬の岸に生えた柳の根の下に隠れていたのを棒でつついて追い出し網ですくった。1年半後、おそらく管理が悪かったための水質悪化で死んだ時には19・

タウナギも吉野川に新参の外来種。タウナギ目タウナギ科。ウナギに似ているが分類上は遠い。こちらは純淡水魚。本来の分布は朝鮮半島南部からインドネシアまで。1930年代に奈良県東部に台湾から移入され大和川水系に広がった。今では本州西部や東京・上野公園の不忍池などで採取されている。水田などの泥底に穴を掘って潜んでいるが、吉野川では石の下にいるという。空気呼吸を必要とし、水底から体を立ち上げ水面から鼻先を出している。食用になり南方ではウナギより高価だそうだが吉野川では取れてもまず気味悪がられている（和歌山県立自然博物館）

ペットとして日本に持ち込まれた北米原産のアカミミガメは吉野川でも多くなった。甲長7センチぐらいまでは緑色で「ミドリガメ」の名で売られていることがあるが大きくなると褐色に変化。目の後ろに赤い斑点がある

5センチに育っていた。丸い顔、つぶらな目をして口の上下に8本のひげを持ち、隠れ場にした植木鉢の穴を出入りする姿はかわいかったが、小魚などには恐ろしい捕食者だと思い知ったのは飼って2カ月もしたころだった。夜9時ごろ、水槽の中でバシャバシャという音がするのでのぞきこむと、黒いハンターが細い尾をくねらせながら自分の何倍もの体重があるフナたちを追い回していた。

ギギの餌には用水路にいるアメリカザリガニの小さいのや水中では触角が白く光るスジエビ、ヤゴ、ミミズなどを与えた。この肉食魚と餌、特にスジエビとの間には興味深い関係があった。水槽に入れると翌朝にはエビたちは食べられて姿を消しているが、その時期を無事に過ぎると奇妙な共生がしばらく続く。ギギは後から入れた虫などはすぐに食べているのに、前からいる〝仲間〟は襲おうとしないようなのだ。スジエビがギギと隠れ場の鉢の中に一緒にいることもあった。ただし、いずれスジエビは見えなくなったのだが。新顔が襲われやすいのは、環境が変わっておどおどしたり逃げ惑う異常な行動が攻撃を誘発することもあるのではないか、と思った。エビの食べ方は鮮やかだった。その場面を見たことはなかったが、少し大きいエビは、胴部と頭・胸部を切り離し、胴の腹と背側の殻を外して中身だけをきれいに食べていた。人がエビの踊りを食べた後のようだった。飼育下での行動が、自然環境の中と同じとは限らないが、身近に観察していないと分からないこともあるのではないか。

増えた魚の代表がニゴイだ。体長50センチ近くに成長するコイ科の魚で、砂か砂泥底のとろ場にいる。形はコイによく似ているが、もっとスマートで泳ぐ力もある。コイは居つけないような瀬でも、流れに逆らってゆったりと泳ぎ一点にとどまるという芸当もできる。口が大きくて小魚も捕食し、島田さんによると「春先に腹を割くとジャコが7～8匹も入っている。友釣りでおとりアユが弱って横になると、追いかけ腹をつつく」。「ジャコ」はオイカワなどだ。御勢久右衛門さんは「伊勢湾台風の後、砂利取り跡の深場に来た。子どものころは五條にはいなかった」と話していた。

ブラックバスは近年、吉野川に入った肉食の魚だ。島田さんは十津川で「おとりアユを追って河原まで飛び上がった。体長30センチはあった」というバスも見た。

御勢さんの調査では、河川形態の下流化と水質汚濁で、ニゴイに適したコイ域が上流に拡大、1955年には和歌山県橋本市までだったのに1985～95年には上市に達している。

アカザとギギ　アカザの地方名が多いのは、刺すこと、赤っぽく、丸顔に8本の大きなひげが印象的な特異な姿だけでなく、かつては身近にいたからだろう。ギギより冷たい水を好み上流域下部にも生息。ギギより環境の変化には弱い。

中流の変化・輝くオギの穂波

吉野川の川上村大滝から下流は、和歌山県境まで中流型だ。その生物相、景観の形成には、それぞれの場所周辺のほか、水源を含む上流側の状況が関わっている。

秋、吉野町と大淀町の境界一帯の吉野川北岸の河原で、銀色のオギの穂波が風になびく。同じイネ科のススキに似ているが、より大型で高さ1~2・5メートル。穂の色も一段と鮮やかだ。何よりも低湿地に生える点が、乾燥した場所でないと定着できないススキとの違いだ。オギが地下茎を横に伸ばし茎を出すのに対し、ススキは株状に茎、葉をつける点でも区別できる。

現在、吉野町から五條市にかけての吉野川の河原では、水際をイネ科のツルヨシが埋め、その陸側にヤナギ類やタデ類、セイタカアワダチソウ、クズ、ヨモギなどが群落をつくっている所が多い。オギの大群落はほかでは見られない。

しかし、この辺りの河原で、このように草木が生い茂るようになったのは、この30年ほどのことという。吉野町六田、梅谷芳季さん(1919年生まれ)は1952年、吉野川沿いに転居した。「当時、河原は石ばかりで草は生えていなかった」。妻、祐子さん(1930年生まれ)は「石は人の頭

河原を埋めたオギの穂波。ススキに似ているが湿地に生え、より大型で穂の銀色も鮮やか

かつての石の河原にも咲いていた「月見草」。北米原産の美しい花だ（吉野町上市）

ほどもあり、近所の人とその上に洗ったシーツを広げて乾かした」光景を覚えていた。

吉野町上市の島田吾一さんは「河原の小石の所で運動会をした。地元出身のパイロットが飛行機を着陸させたこともある」とかつての河原の広さを語った。

石の河原では、夕方、黄色い「月見草」が所々に咲いていただけだった、という。

石河原は下流の五條市でも広がっていた。明治後半から大正半ばごろと思われる写真、さかのぼって文化元（1804）年に描かれた絵『五條十八景』の中の河原は、一面の石だ。

石の河原が、今のように植物におおわれるようになったきっかけの一つは、伊勢湾台風（1959年）後の砂利採取だったという人が多い。吉野、下市、大淀町では1968年、五條市では1969年まで続いた。同市大川橋の下手の5メートルほどの落差はその跡だ。

上市の菊本和男さんの「淵が埋まった。今のは浅くて、あれでは平瀬。淵ではない。以前は底が見えないほど深かった。瀬―淵―瀬が連続していた」という指摘は、河原の景観が変わった別の大きな理由も語っている。谷幸三・大阪産大講師は「（この）たまった砂、泥に水の汚れが付着して植物を繁茂させた」と分析する。植物は、石が掘られた河原で、上流から流れてきた砂、泥に根を張った。子どものころから吉野川を見てきた柳谷京和さんは「上市でヨシが多くなったのは15～20年ほど前から」と言う。

水の汚れを示すBOD（生物化学的酸素要求量）は、市街地の家庭排水が流れ込む五條市・大川橋の測定点では、1971〜75年に急激に上昇している。電気洗濯機の普及と重なる。

川の水の汚れようは「昔は川の水でうがいができた。今なら、ようせんで」という柳谷さんの思い出話でもうかがえよう。河原の様変わりは、1970年前後に始まり、かなり急だったようだ。美しいオギの群落も、人間の営みがもたらした荒れ、汚れがつくったのだ。

オギの仲間　どれも姿は似ているが、水からの距離はツルヨシ・ヨシ、オギ、ススキの順に遠くなる。ツルヨシは名のとおり長いつるを地上に這わせ、さらさらした砂地を好む。つるは流れの中にも伸び、岸沿いに長く流されている光景もよく見る。ツルヨシ、ヨシはともに穂が茶色で、銀色のオギ、ススキとの区別は容易だ。

鳴かなくなったカジカガエル

少年時代から吉野川が遊び場だった吉野町上市の菊本和男さんは「今（2000年）、この川でカジカガエルの声が聞こえなくなった」と言う。カジカガエルの「フィリー、リュイ」という声は、銀の笛にたとえられてきた。「昭和35（1960）年ごろには聞いていた。瀬の中に並んだ大きな石の上に座り、夕方になると鳴いていた」という光景は吉野川中流域では普通だった。「（下市町の）千石橋を渡ると、瀬のあちこちから聞こえてきた。20代（1944年〜）のことだ。本流の瀬ではどこでも一面で鳴いていた」

島田吾一さんにとって、その声はアユが上ってくる合図だった。下流の五條市にもいた。それが「伊勢湾台風以後、見なくなった」と川沿いで育った御勢久右衛門さんは言う。

だが、カジカガエルが姿を消した理由は、専門家に聞いてもなかなか見当がつかなかった。繁殖期以外は川周辺の森林に住むが、森と川の間の往来を妨げるような大きな道路ができたわけではない。水の汚れにもある程度は順応できるという。ナゾを解くカギは次の証言だった。

「以前に比べ、魚でいちばん減ったのはアカニャン。前は川底の適当な大きさの石をめくったら、たいてい入っていたのに」（島田さん）、「アカネコは浅い瀬の石の間にたくさんいたが、20年余り前に消えた。何でいなくなったのか」（菊本さん）

アカニャン、アカネコはアカザの地方名だ。どちらも赤いネコ、の意味。ネコのように丸顔だからだろう。

日本産カエル研究の第一人者とされる松井正文・京大教授にこの話をすると「カジカガエルは、瀬の浮き石の下のすき間に産卵する。アカザが生息しているのと同じような環境だ。2種ともいなくな

美しい鳴き声が万葉人も魅了したカジカカエル（御勢久右衛門さん提供）。瀬の石の下に産卵する。修験道の道場・大峯山の登り口がある川上村の子どもたちは捕まえて登山者に売り、小遣い銭にしていた

中流の吉野町上市で減った魚の筆頭に挙げられたアカザ。瀬がつくる石底が必要な魚（御勢久右衛門さん提供）

ったのなら、石のすき間がなくなるような川底の変化があったのだろう」と指摘した。「砂利採取のため、川底の粘土に埋まっていた石も機械で掘り出された。伊勢湾台風後には上流から砂が流れてきて淵も浅くなった」（菊本さん）、「今、川底は砂と岩盤ばかり」（島田さん）という2人の釣り人の話と重なる。

生存に瀬の浮き石の底が必要なカジカガエルとアカザが姿を消したのは、石河原が消えてヨシやオギの群落に移行したのと一体の現象だ。

『万葉集』のカジカガエル　20首近くに「蝦（かはづ）」「河蝦（同）」の名が出ている。うち、はっきりしているものだけで4首は吉野川が舞台。「瀬」にいたり「清き川原」で鳴くのだからこれはカジカガエルだ。「み吉野の石本《いはもと》さらず（石を離れず）鳴く河蝦《かはづ》」と詠んだ歌もある。瀬の石の上で鳴くカジカは雄で、縄張りを宣言している。

まだ未確認の生物が！――ナゾのヤツメウナギ

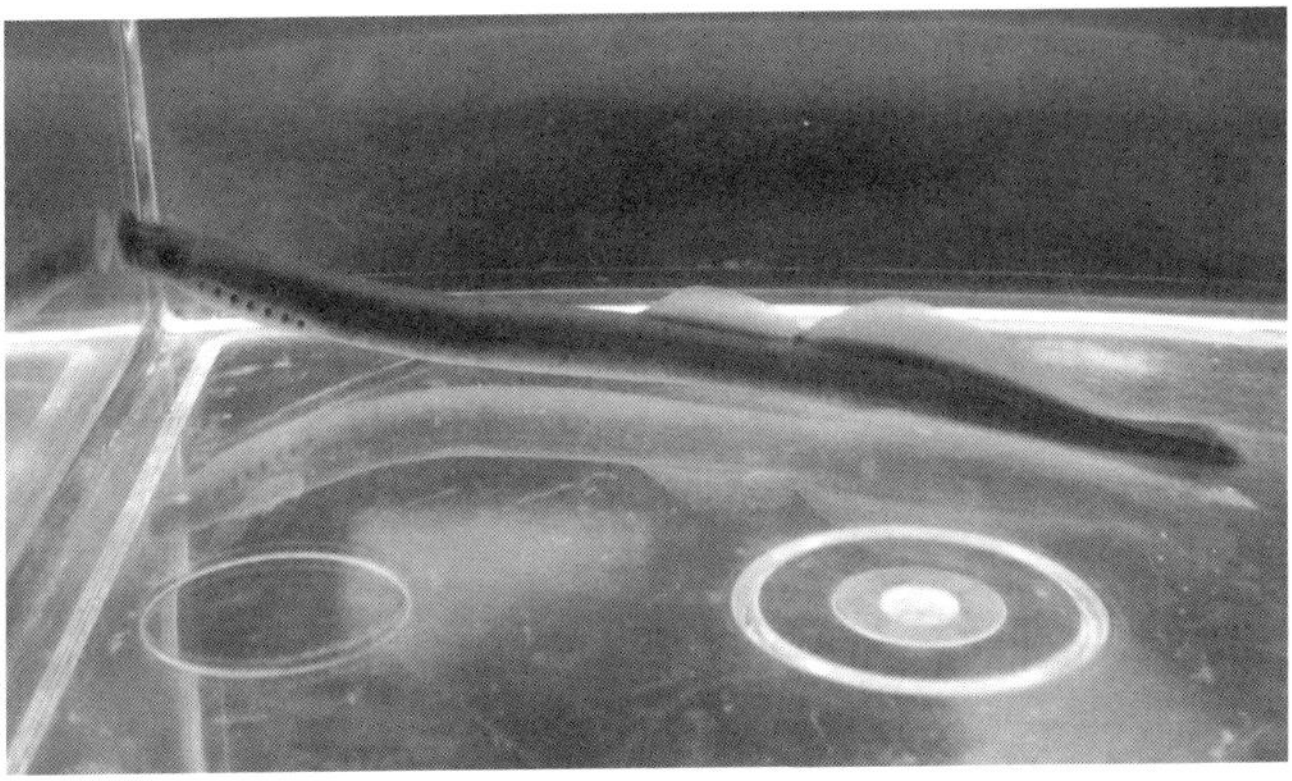

スナヤツメ。形はほかの魚を襲うカワヤツメそっくりだがいたって平和な魚（辻本始さん提供）。人間にとっては害魚でない代わりに利用価値もなく、焼いて子どもの「ムシ薬」にしたぐらいだ

生物分布調査が進んでいる吉野川中流にも、まだ報告されていない魚がいた、あるいは、いる可能性がある。

下市町下市出身の柳谷京和さんは、その「ヤツメウナギ」は川底の岩と岩の間にいた、と言う。「人が来ない岩の間や岸の川柳の下に１匹ずつでいた。大きいのは親指ぐらいか、ゴムホースより少し細いぐらいで体長は30～40センチあった。ウナギより割と細い。色は灰と黒の間だ。胴の横に点々と穴が開いていた。目はウナギより小さい。夏、川の水に顔をつけるというのが見え、『ヤツメや』とミミズを餌にした穴釣りで釣った。数は少なく、ウナギ10匹に１匹ぐらい。蒲焼にするとおいしかった。竹串に刺して焼き、後で切って食べた。小さいのは鉛筆ぐらいで20センチ余り。これは灰色っぽいピンクだ」。大きなヤツメは下市町の支流、秋野川にも大川（吉野川本流）にもいたと言う。

大西一さんも「ヤツメ」を取った。「小指から親指ほどの太さで、長さはだいたい20センチぐらいだが、大きいのは40センチぐらい。中間の大きさのもいた。形はウナギみたいで少し青みがかっている。両側に八つの『穴』があった」と証言する。取ったのは吉野川本流だ。「9月のかかりから10月のかかりごろまで、増水して少し濁った時、下りアユを狙った段引き釣りをすると、ウナギ、ギンギなどに交じってたまに掛かった。濁らないとウナギは掛からない。ヤツメを取ったのは、一秋に2〜3匹程度だ。夜釣りでも時には釣れた。エサの川虫に食いつき、ハエ釣り用ぐらいの大きさの針に掛かった。岩をコダカ網で巻いて金テコで動かし、下に隠れたウナギやトグッチョ（ムギツク）を追い出して網に掛ける漁でも、たまに取れた。ヤスで突いた。ウナギのほうが断然太い」

2人が語る形からは、この魚はヤツメウナギの仲間と考えられる。「八つ目」のいちばん前は目で、ほかはえら穴。口はあごがなく丸い吸盤型だ。

吉野川にはスナヤツメが分布する。2人の話に出る小型や吉野町上市、島田吾一さんが「夏、小さいのが積んだ石の下にちょいちょいいた。長さは15〜20センチ。釣ろうにもほかの魚用の釣り針は大きすぎた。釣ったことはない」と言ったのはこれだろう。やはり「太さは鉛筆ぐらい」だった。「冬に群れる」（島田さん）のは産卵行動らしい。ふ化後3年余りは泥の中で有機物を食べ、ウナギ型に変態して成魚になると夜、泳ぎに出るが、産卵期まで半年ほど何も食べず14〜19センチあった体は2〜3センチ縮む。成魚がミミズを食べたり、40センチまで成長するとは考えられない。一生、淡水にいる。吉野川でも数は減った。

昔から鳥目の薬にされたのは仲間のカワヤツメで変態後は海に下り、口で魚の体に穴を開け体液を吸う。40～50センチに成長、川に上り産卵する回遊魚だ。

柳谷さん、大西さんが取った大型は大きさ、色は「カワ」に合うが、その分布はこれまで島根と茨城以北になっていて吉野川（紀の川）での記録はない。大西さんが図鑑の絵を見て「似ている」と指摘したのはカワに似たミツバヤツメだ。北米の太平洋沿いに分布。日本沿岸でも稀に採取され、四国の吉野川上流でも捕獲された。体長が40センチにもなり、餌の川虫に食いついたという大和・吉野川の「ヤツメ」の正体は何だったのだろうか。

どこに行ったスナヤツメ

今井清三郎さんが、下市町の千石橋の下流にある「ゴッタイ瀬」左岸で、岩の周囲に群れる「ヤツメ」を見たのは、昭和39（１９６４）年ごろの5月中旬だった。

「川に入るとまだ水が冷たかったころだ。夕方、ハエジャコの毛針釣りに行くと、水面近くをヒョロヒョロと泳ぎ回っているものがある。不思議だな、と思ったが毎日、見ていると4～5匹だったのが日に日に増え、2週間もたつとぞっとするくらいの数になり、底が黒く見えたほどだ。水面から一部出ている1・5メートル四方ほどの岩の周りを取り囲んでからみ合うように泳ぎ、岩の上まではい上がるのもいた。長さは20センチぐらいだった」

小学4年の時、千石橋の上手で水泳中捕まえたから、これが「ヤツメ」だとは知っていた。「水面近くを泳いでいるので『変なのがいる。ウナギじゃ』と捕まえると口がなく、体の両側にいくつも穴がある。初めて『ヤツメや』と気づいた。子どもでも簡単に取れた。昼間から泳いでいた。数は少なく、取ったのはひと夏3～4匹ほど」と言う。

大きさからもこの「ヤツメ」たちは、今も吉野川にいるスナヤツメだ。群れていたのは繁殖のためだろう。スナヤツメは砂れきの間に産卵する。岩のすぐ上手は、川底を斜めに横切る断層の岩がつくる急な瀬で、やや大きな段差もある。スナヤツメが上るには難所だ。岩の周囲は盆状に浅くなっており、流れもややゆるやか。下手側は砂利底になっている。今井さんがヤツメを見た当時、さらに下流の流れが曲がった内側に砂底が広がっていたと言う。

筆者が広島の古川で見た産卵行動は、20匹ほどだった。水がまだ冷たかった記憶はあるが、正確な時期は覚えていない。岸近くの石の間で、互いにまとわりつくようにぐるぐると泳いでいた。夏には網で川岸の草をつつくと、入ることがあった。バケツに入れておくと、せわしなく縁に沿って水面を

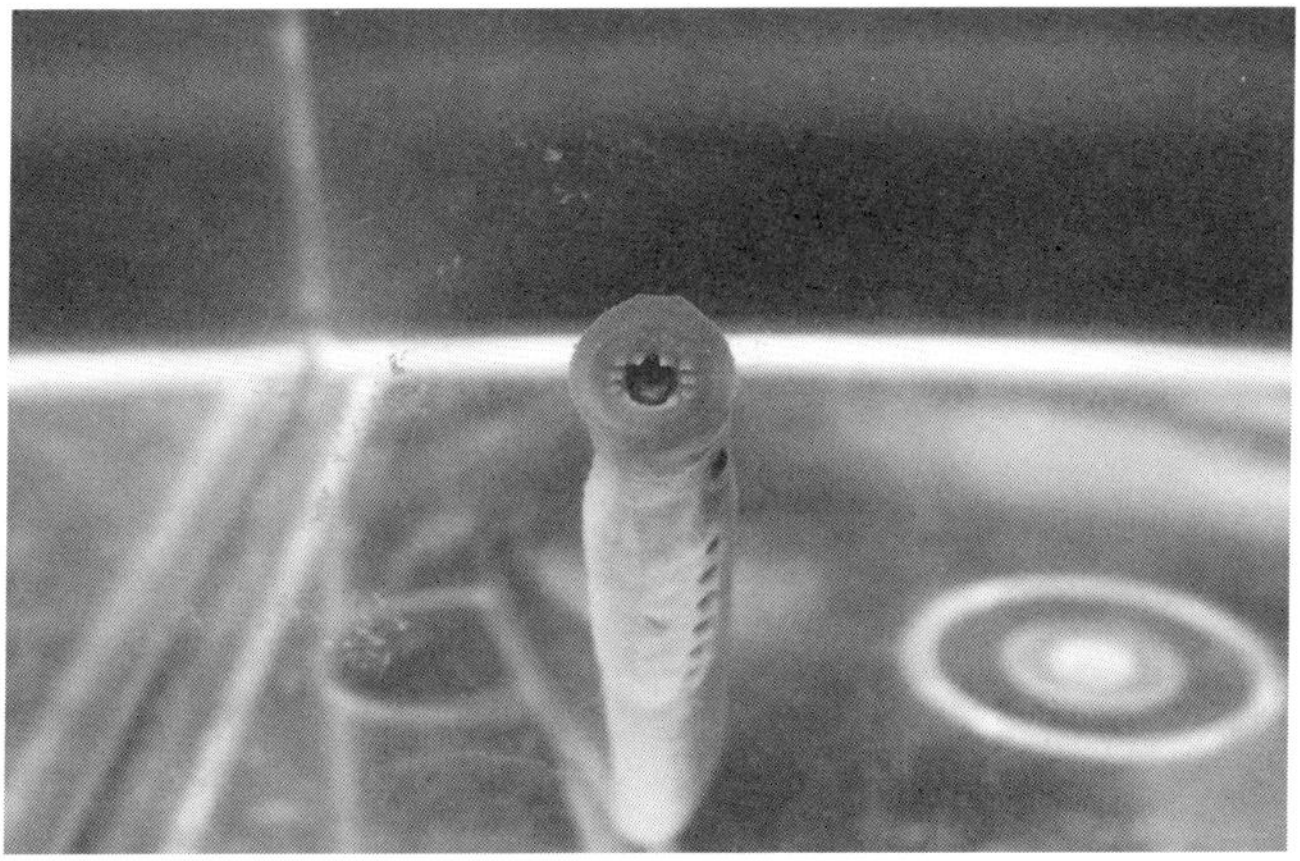

吸盤形をしたスナヤツメの口。幼体は泥の中の有機物を食べ成魚になると食物をとらない。カワヤツメのようにこの口でほかの魚に吸いついて皮ふに穴を開けることはないのだ（辻本始さん提供）

スナヤツメが周囲に群れていた岩（中央の平たい岩）。上手は瀬、下手には淵がある

泳ぎ回り、カワムツなどがまだ元気なうちから死んでいた。「酸欠に弱いのか」と思った記憶がある。

今井さんは、群れたスナヤツメを取って食べたこともある。「息子と一緒にバケツに放り込み4～5杯も持って帰った。肌はザラザラでつかみやすかった。小学生の時、夏に取ったのはぬるぬるだったが。焼いてみると臭く、何とも言えないにおいがして食べるどころではない。ヒルの仲間かと思った。無理に口に入れると肉は脂っ気がなく綿のようだった。薬にはしても食べるものではないと思った」

結局、取ったのは1回きりだった。スナヤツメはそれからも毎年、同じ時期にこの岩に集まってきたが、奈良盆地に分水する下渕頭首工の工事（１９７２～74年）が下流で始まったころからいなくなったと言う。

スナヤツメは、全国的に数が減り、環境省『レッドデータブック』（２００3年刊行）では、吉野川にもいるアカザ、メダカなどとともに「絶滅の危険が増大している種」に入っている。御勢久右衛門さんは「今も東吉野村には割といるが、ほかではあまり聞かない。減った理由は分からない。幼生が生活する泥は増えている。五條の吉野川では昨年（２００４年）、1匹見たが」と話していた。

この川にアジメドジョウがいた⁉

紀の川水系では3種類のドジョウの仲間が見つかっている。水田などにいる黒っぽい普通のドジョウとシマドジョウ、スジシマドジョウだ。シマは体側に黒い丸、スジシマは帯模様がある。

アジメドジョウは清流の魚だ。上、中流の瀬の石底に住み、石に付く藻を口でそぎ落として食べる。土砂や泥で石がおおわれると生きられない。環境の変化に加え、味が良いため人に取られ各地で減ってきた。体は薄い茶色がかった地に黒っぽい模様があり、吉野川でもあちこちの砂底にいるシマドジョウに似ている。

アジメは、吉野川を含む紀の川水系では確認されていないのだが、下市町下市、元中学理科教師、藤田昌宏さん（1932年生まれ）は、それらしい魚を2回、捕獲している。どちらも1955年3月に卒業した奈良学芸大の学生時代だ。

1匹目は下市町仔邑《よむら》の秋野川で。「大学の友人が三重県の川で見つけたというのでこっちにもおるぞ、とのぞき眼鏡で探していたらやはりいた」。〝アジメ〟はゆるい瀬の砂の上にいた。興奮しながら網ですくった。大学で魚の分類が得意な同級生たちに見せると「図鑑に照らし合わせ『アジメ』と

アジメドジョウに似ているシマドジョウ。アジメは背びれ、腹びれがもっと後方にある（辻本始さん提供）。シマは日本特産とされる美しい魚。シマとスジは同じ川に分布していることが多く、シマは底が砂の瀬、スジはそれより上流の淵を好み、すみ分けている

いうことになった。専門家ではないので、だろう、だが。とにかくうれしかった」。アジメの模様は個体差があるが、シマに比べると背びれ、腹びれが後方にあるのが特徴だ。この魚はホルマリン標本にしたが、なくしてしまった。

2匹目は1954年8月下旬、吉野町六田《むだ》の本流で。いきさつは卒論にも次のように書いた。「（瀬と淵の間で）洪水期、すくい網で雑魚を捕獲中、アジメドジョウらしいものが入った。調査するつもりで持ち帰ったら飼い猫にとられた。以後数回、採集に出たが見つからない」と無念さをにじませている。論文では「分布域はおそらく今後、淀川水系まで延長されそうだと推定」もした。アジメは北陸、中部、近畿に分布。現在は、藤田さんが推定したとおり、大阪府、琵琶湖東岸などの淀川水系でも報告がある。

シマドジョウの不思議な行動の証言もある。今井清

三郎さんは、秋野川で6月末から7月のかかりにかけ、彼らの「大上り」を見たと言う。「川底いっぱいに広がりズズ、ズズと上っていた。高さ7～8メートルの白藤の滝の上にも群れていた。体の側には丸い斑点が並んでいた」。上りは3日ぐらい続く。知人に話したらある時「今日がその日や」と飛び込んできて、ゴリキ用のモンドリを持ち出し、それいっぱいに取ってきた。番茶を入れて甘辛く炊くと「骨は堅かったが、身はしまって結構おいしかった」。大上りはシマの産卵期にほぼ重なるが「（産卵後ではないようで）よく太っていた。卵を持っていたかどうかは覚えていない」と言う。

回遊するものたち・巨大ウナギ

吉野川には、これまで紹介したアユ、サツキマス（アマゴ）、カジカなどのほかにも、海と川を往復する生き物がいる。彼ら、回遊するものたちは、繁殖や生活のため、海から離れられないが、その中から純淡水生活に進んだ種類もある。川の生態系も海と結びついているのだ。

秋の深まりとともに、産卵のため、ウナギが吉野川を下っていく。目指すのは遠い南の海だ。

２００３年10月13日の夜、五條市漁協理事、田川忠夫さん（１９４３年生まれ）は、五條市の吉野川に設置した簗近くの監視小屋にいた。雨の後だった。

午後9時ごろ、奥さんが夜食を差し入れに来て簗を見に行った。アユが下るのは9～10月。時間は主に早朝と日没時だが、時期も後半の10月には午後6～7時ごろ多くなり、夜も下る。まもなく、「ぎゃーっ」という悲鳴が50メートルほど離れた小屋まで聞こえてきた。田川さんがとんでいくと、簗のすのこの上に黒く長いものが打ち上げられ、うねうねとうごめいていた。

このウナギは長さ1メートル23センチ、頭の長さ15センチ、胴の直径7センチ、重さ3・2キログラム。小さい時から川で遊んでいた田川さんも、初めて見る大きさだった。「川の主《ぬし》だと思った」と言う。

普通のウナギは雄が40～60センチ、雌50～90センチ。最大記録は130センチ、5キログラムの雌だ。皮膚の下に隠れている小さなうろこの年輪を数えると17歳以上だった。生殖腺は退化していた。五條の巨大ウナギの年齢は分からない。おそらくウナギは、日本の淡水魚ではコイ、サケ科のイトウに次いで長命な魚だろう。

このウナギは蒲焼《かばやき》にされた。食べた人によると「脂が多いだろうと蒸したのが悪かったらしく、すかすかしておいしくなかった」そうだ。

島田吾一さんも秋、上市の簗に大量の下りウナギが上がった様子を覚えていた。「30～40年前、大水の時に一晩で40貫（150キログラム）、50貫も取れた。500匁（1・9キログラム）のは腕ぐ

2003年10月13日夜、五條市の簗に上がった巨大なウナギ。あと７センチ長ければ最大記録に並んだ。これも雌だろう

らいの太さがあり、持ちにくいので自分の胴に巻いて持って帰った」。ウナギはもっぱら自家用だったと言う。

ウナギの産卵場所は、日本列島から約２０００キロメートル南のマリアナ諸島近くと推定されている。幼魚は木の葉形をし、日本沿岸に近づくと、親と同じ形をした体長44～66ミリのシラスウナギに変態する。シラスウナギは、関西では２～３月に川を上り、透明だった体は背側が黒くなる。ウナギは滝も上ることができ、山地から河口まで川のほぼ全域に生息、内湾にもいる。淡水では５～12年間生活する。最も上、下流双方への分布が広い川魚の一つだ。川が山と海を結んでいることを体現している。

吉野川では近年、大きなウナギが取れ、話題になることがある。五條の簗にも１メートル近いものは時々上がる。川上村白川渡では２・１キログラムを釣り上げた人がいた。小学生のころから釣りをしてきた同所、山口梅次郎さんは「昔はそんなに大きなものは珍しかった」と言う。吉野川はまだナゾを秘めている。

筆者は子どものころ、夜、灯りをつけ、ヤスで魚を突きに行ったことがある。夜行性のナマズなどは逃げた。川底に目をこらし、魚を探していると妙な石を見つけた。形も色も藻が付いた石そっくりだが、やや灰色っぽくぬめぬめした感じだ。何だろうと思いながら恐る恐るなでると、大きなウナギがはじかれたように石の間から飛び出し、逃げてしまった。ウナギも夜、活動するのに、どうしたのか、そいつは石の間に頭と尾を突っ込んで隠れ、胴体の中央部分だけが丸くなって外に出ていたのだ。くねくねとした体の動きも分からないほど速い泳ぎだった。向こうも急に触られて驚いたのだろうが、こっちもびっくりした。

回遊するものたち・滝を登る子ウナギの大群

下市町の街中を流れる吉野川の支流の秋野川では、かつては毎年6月ごろになると、今では想像もできないような光景が見られた。子ウナギの大群の滝登りだ。秋野川は吉野山の南側に源があり、谷あいの水田をうるおして本流に注ぐまで約13・5キロメートル。今は浅く、ツルヨシの茂みの間を、ひざぐらいの深さの水が流れている箇所も多い。

同町下市の白藤の滝は高さ7～8メートル、幅は25メートルほど。巨大な岩盤の滝の上にさらに石を積み上げ、流れをせき止めている。水路に水を引き入れ、吉野川南岸に広がる新住地区の水田まで

かつて小さなウナギの大群が登っていた秋野川の白藤の滝（下市町下市）。対岸の道路の下に水路の取水口がある。それにしてもこの高さを登るとは！

送るためだ。本流と河岸段丘の上にある耕地とは10メートルほどの段差がある。ここに限らず、川を目の前にしていても、河岸段丘の間を流れる吉野川の水は、揚水技術の面からも農業用に利用できなかった。古文書の記述から計算すると、水路の開設は江戸時代初めの寛永12（1635）年だ。長さは分水路も含めて約3キロメートル。五條盆地の本流沿いの地域でも、水稲栽培はため池の水に頼った。ため池は中世の中・後期以降に造られ、1986年当時の五條市域でも900カ所ほどある。

白藤の滝近くに住む今井清三郎さんは子どものころ、この滝を登る小さなウナギの大群を見ている。「田植え時には水路に水が入りやすいようにと、石積みの上にさらに土のうを2段重ね、水位を上げていた。滝の水はちょろちょろとしか落ちなくなる。その流れを長さ20センチぐらい、小指ぐらいの太さのウナギが群がって登っていた。水が落ちている所一面が、黒く見えるほどだった。ウナギたちは、石を伝わって登る。昼間のことだ」。少年たちがこれを見逃すはずはなかった。「バケツを持って行って、高い場所にいるのを手で引っ張って落とし、取った。何十匹と持って帰ったが、細いから食べられなかった。バケツに入れて泳がしただけ。ちょっとした遊びだった」

小さなウナギたちは白藤の滝を確かに越えていた。少し上流の同町下市、大西一さんも、ウナギの群れを覚えている。「6月ごろ、ようけ登ってきた。水が落ちている高さ1～2メートルの石垣や松の木を組んだ井堰でも登っていた。長さ15センチ余りで太さは鉛筆程度だ。よく金網ですくいに行った」と言う。細いため、食べた記憶はやはりない。

この川で遊んだ柳谷京和さんは「石垣の石と石の間をぬうて登っていた」と、ウナギの行動を言い表した。まさに「うなぎ登り」だ。

秋野川の水を引いた新住の水路ではかつて「掃除などの時、水を落とすと大きなウナギが取れた」（今井さん）。水路の幅は現在は１・５メートルほどだが、今井さんが子どものころは１メートルぐらいで深さは40センチほど。今はコンクリート壁だが、当時は石積みだった。今井さんが「本流から登ってきたのではないか。背に斑点があり、１メートル以上になるゴマウナギと、50～60センチの普通の大きさのウナギがいた」と言うのは、雌と雄の違いの可能性がある。ウナギは雌のほうが大きくなる。現在、水路でウナギは見ないそうだ。

夜のウナギ漁

かつての田植え時、秋野川の滝や井堰を越えた小さなウナギたちは、さらに上流の細い流れにも入り込んだ。

大西一さんによると「水源の吉野山の谷まで登り、山の上の池にもいた。ウナギはどこからでも登れる」。

ウナギは主に夜、動き回る。大西さんは「(山あいに入った)ウナギは、岸に草が生えた用水路から田に出入りしていた。夜、田に入ってはオタマジャクシやドジョウを食べていたようだ」と言う。水田に入ったこのウナギを狙う夜の漁もあった。

「子どものころ、父親は6月の田植え後しばらくの間、夜、カンテラを提げて田にウナギ切りに出かけていた。水田にいるのを見つけると、のこぎりで叩いて引っ掛けて取る。体が切れることもあったが。ヤスで突くこともあった。朝、起きると、たらいに200〜300匁(1125グラム)ぐらいのが2〜3匹入っていた」。大西さんの思い出だ。

いろんな環境に適応できるウナギは、割と身近なところにもおり、その生態が、人々に不思議な思いを抱かせる一方、子どもでも取れる高級魚だった。

柳谷京和さんは、子どものころ、秋野川で昼間、石の間に隠れた夜行性のギンギ(ギギ)を狙い、ミミズをエサに穴釣りをした。ギギのほかにウナギも釣れたという。

上市の菊本和男さんが、小学生のころ、ウナギを取ったのも支流の千股《ちまた》川だった。「ウナギは夜づけで釣った。餌のドジョウやゴリを釣り針に刺して夕方に仕掛け、翌朝、引き上げた。よく釣れるのは、深みにある大きな石や石積みの周りだ。子どもの手首くらいの太さのウナギもいた。ウナギびくを使ったのは、もっと大きくなって大川(吉野川本流)に出てからだ。取ったウナギは人にやったり

魚のあらを餌にしてウナギを捕獲した吉野川の漁具。竹を編んだびくも使った。ウナギ用漁具の形、材料は地域によって特色がある。ウナギへの執着がつくった地域文明だ

蒲焼にして食べた」。ウナギびくは、中の餌のにおいにつられてウナギが入ると出られないようになっている。においをたどって餌を探すウナギの生態を利用した仕掛けだ。

しかし、夜釣りとなると、小さな子どもには無理だった。

下市町下市、元小学校長、藤田昌宏さんが、父親が校長をしていた小学校の官舎があった吉野町六田の大川で夜釣りをするようになったのは12～13歳のころだ。「狙いはウナギだったが、上がるのはギンギやネホ（カマツカ）、トグッチョ（ムギツク）ばかり。ウナギは大物扱いで、たまに上がると『やった』と思った」そうだ。一晩に20匹ぐらいの魚が釣れた。「取った魚は十分、利用した。ネホは焼いてムギワラに串で刺して乾かすと、そうめんのだしに最高だった。トグッチョ、ギンギもそうめんのだし

にした」。夕食を食べると餌のミミズを掘り、釣りから帰るのは夜の12時ごろ。親たちが「ほったからしだった」のは、すでに中学生だったからだろう。

回遊するものたち・モクズガニ

秋の夜、モクズガニも流れに乗って吉野川を下る。海岸の石の下などで産卵するためだ。体は暗褐色をし、はさみに密生した柔らかい毛はまさに藻屑《もくず》。分布は樺太から台湾まで。意外なほど上流にもいる。

五條市五條、森本和男さんは秋、家の近くの大川橋の上手にカニのモンドリを仕掛けてきた。時期は9月中旬から12月初め。金網のモンドリは手製だ。入り口には竹のかえしを付け、入ると出られない。上流に口を向けて金棒で固定し、その前にV字形に網を張りカニを集めた。「下るのは闇夜。少し濁った時もいい。月夜にはかからない。自分の影を見てびっくりするからだと言われていた。月夜のカニはやせておいしくない」そうだ。

モンドリを置いたのは両岸と中央の3カ所。水量が多いと岸寄り、少ないと中央によく入った。流

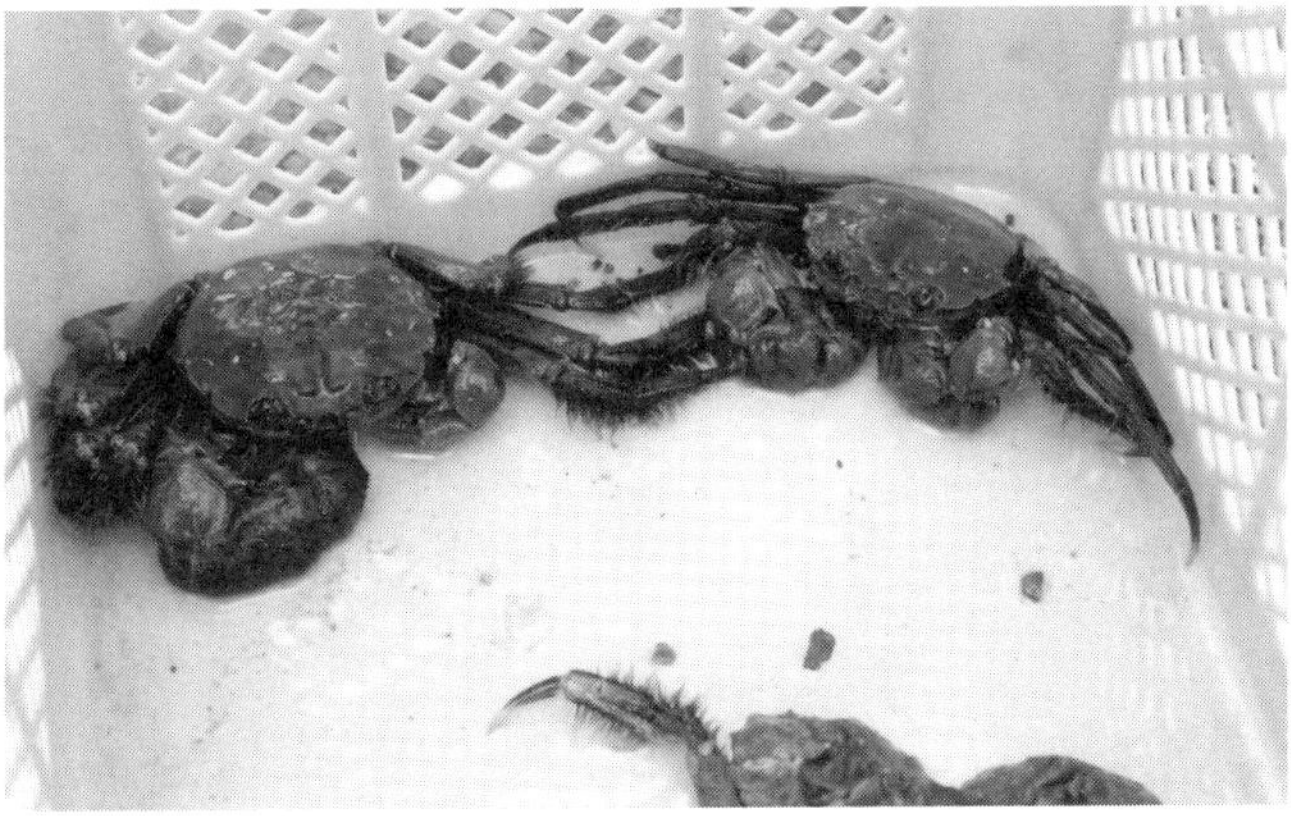

吉野川を下る途中で五條市の簗に掛かったモクズガニ。紀伊半島でもかつては山地の棚田まで上り石垣の間にすみついた。秋の夜、海に下るため谷に出たカニを拾うのは山村住民の楽しみだった

れの勢いを利用した漁で餌は入れない。やはり秋に下るウナギとアユも入った。

モクズガニの魅力は美味なことだ。「ミソがおいしい。海のズワイガニより甘みがある。形は上海ガニそっくり」

甲羅幅は普通6～7センチだが「大きいのは10センチ以上あった。北海道の毛ガニみたいだ」。水の中では敏捷だった。「夜、見回りすると網にもたれていることがあったが逃げるのは速かった。うまく水に乗る。ガサガサ歩いたりしない。下るところを自分は見ていないが、瀬では足を丸めて流されると言う人がいた」

漁法は、父親から教わった。「子どものころ、朝、父親は15～20枚も持って帰った。川ガニ（モクズガニ）は、小学1～2年生の時まで取れたが、その後は少なくなった。モンドリを上げるのは5～6日に

吉野川でモクズガニ（川ガニ）を捕った「カニカゴ」。魚のあらを餌にしたもの

1回。一つに10～15枚も入っていたのは数十年も前の話。近年は全部で1～2枚。5～6枚の時もないではないが。2002年に簗が始まるまでしていた」と残念そう。

　モクズガニは、吉野川の急流を歩いてさかのぼっていた。上市の島田吾一さんも秋にはこのカニを取った。「ウナギと並んでおいしかった。ここらのは下流より大きい。料理屋に売った」と言う。東吉野村小栗栖の高見川はさらに上の支流。桝本実雄さんによると「昔から少なかったが、伊勢湾台風まではいた。今はいない」そうだ。

　回遊する生物は、人間が川の水を利用するため設置した井堰の影響をまともに受ける。井堰にはモクズガニが上る足がかりにするためにロープをたらした所もある。御勢久右衛門さんは、河口に近い紀の川大堰（和歌山市）の魚道で、ロープを上る3～5センチのモクズガニを見ている。雌は卵を自分の足の毛に付けてふ化させ、比較的小型の親ガニは繁殖活動の後、また川を上る。

モクズガニは、滝や急瀬をつくって吉野川本流に流れ下る下市町の秋野川にもいた。今井清三郎さんは、小学校6年ごろ、本流から約1・5キロメートル上流辺りでカニのモンドリを上げている人を見た。「大きな爪をしたカニが20枚も入っていた」。モクズガニがどうして落差が大きい白藤の滝も越えたのか、なぞだが、今井さんは、滝の上から新住地区の田に水を引いている水路でも見つけ、ヤスで突いたことが何度もある。水路は、下手で本流に合流している。

吉野川の山間部支流にはサワガニもいる。日本列島では、一生を淡水で送る唯一のカニだ。渓流などで生活し、水がきれいなことを示す指標生物の一つだ。

回遊するものたち・人気者のヨシノボリ類

吉野川には何種類かのハゼの仲間が生息する。ヨシノボリ類はその一つ。岸近くの石の下にも多く、めくると逃げ出すので簡単に見つかる魚だが、近年になっても生態面で新発見が続き、ある型が新し

吉野川流域ではゴリキと呼ばれているカワヨシノボリ。一つの種類として独立したのは20年ほど前。もっとも彼らを追った子どもたちは漁法や味に区別をつけていなかった

い種類として独立したりと、なぞの多い魚だ。

カワヨシノボリが、ヨシノボリとは別の種類になってからまだ20年ほどだ。それまでヨシノボリは、夏に川で産卵、ふ化し、稚魚は卵黄を付けたまま海に下ってある程度大きくなるまで育ち、翌年夏、川を遡上する両側回遊型の1種類だけ、と考えられていた。ところが、大きな卵を産み、卵の中で親に近い姿にまで成長することで海との縁を切り、回遊の手間を省いて上流域下部から中流域上部に住みついた淡水型がいることが分かったのだ。カワヨシノボリである。現在、ヨシノボリはさらに、主に模様と色で細かく分類されている。回遊を基本にしながら、陸封され湖沼を海の代わりにできる型もいる。尾の付け根が橙《だいだい》色のトウヨシノボリは特にその性質が強いとされる。身近なだけに方言が多く、吉野川筋では「ゴリキ」「ゴリ」が広まっている。

吉野川で使われていた各種の漁具。左下の柄がついているのがゴリキ網

　ゴリキは子どもたちの人気者だった。柳谷京和さんは（秋野川で）「日本タオルの両端を2人で持って広げ、ムギワラの束で石底をつつき追い込んだ。6～7月に3～4人のグループでした。上手から川底を足で追ってもタオルに入った。ゴリキは卵とじにして食べた」と言う。見てくれは、ぱっとしないこの魚を狙ったのは、食べておいしいからだ。大西一さんには「ゴリキは夏のもの。5月からお盆にかけてが卵を持っていて、おいしい。甘辛く炊いて食べる。秋野川の浅い瀬にいるのを上手に網を置き、下手からヨシの束で追って入れた。ウナギの夜釣りのエサにもした」という記憶があった。彼らは底の石を動かすと上流に逃げる性質がある。家庭で食べていただけではない。吉野町上市、島田吾一さんは「料理屋で佃煮にして出していた」と言う。五條市五條、川合正二さん（1931年生まれ）がおいしいと思ったのは「つくしが出るころ」

だ。「あめたきにしたら頭ごと食べられる。冬も、卵は持っていないが、おいしかった。三角網を置いて2人が鎖を引いて追い込む。最近は取る人が少ない」

ヨシノボリ類の成魚の生活場所は型によって差がある、とされるが、川では上流下部〜中流の瀬を主な生活の場とし、昆虫や藻などを食べる。淵をよく利用する型もある。いずれも川底の生活に適合した形で、二つの腹びれは合わさって吸盤状になり、これで石などにくっついて急流でも上れる。柳谷さんは、秋野川で高さ2メートルもある井堰を上るゴリキを見ている。ゴリキとウナギにしかできない芸当だった。

筆者も子どものころ、このヨシノボリの特技を利用して、ちょっとかわいそうな遊びをしたことがある。金たらいにヨシノボリを入れ、たらいの上端縁からビンで細く水を落とすと、流れと勘違いしたヨシノボリがさっそく上ってくる。水を落とすのをやめるとそのままたらいの途中でくっついたように止まってしまった。そんな状況で吸盤を開閉することはできないらしい。魚に表情があるはずはないが、いかにも当惑したように見えたことを覚えている。

今井清三郎さんは暑い盛りの7月20日ごろ、下渕頭首工のコンクリート面を伝わり、次から次へと上る群れを見たことがある。体長は2〜3センチ。群れは「太陽が雲に隠れると、とたんに全然姿が見えなくなる。太陽が照るとどこに隠れていたのか、ウジャウジャというほど出てくる。不思議」な行動を見せた。

ボウズハゼは、ヨシノボリ以上の登攀《とうはん》力を誇る。彼らは水は流れていない垂直の岩壁も登れるのだ。吸盤と下向きの口で交互に岩面に吸着し、尺取虫のように登る技だ。川の上、中流に住み、ハゼ科では珍しく付着藻類のみを食べる草食性。夏、石の下に産卵し雄が守る。ふ化すると海に下って翌年3~5月、群れをつくって遡上する。五條市大川橋まで上ったことは確認されており、和歌山県立自然博物館の平嶋健太郎学芸員によると、現在の紀の川にも和歌山県橋本市までは上っている。同学芸員によると現在、五條市内で確認したヨシノボリ類はトウとカワの2種類。トウも回遊をしているかどうかは疑問、としている。

ヨシノボリ類　産卵は5月から8月。川では雄が平瀬の石の下にすき間をつくって産卵室とし、卵に付き添って保護する。

川遊び・怖く遠かった本流

かつての夏の日、暑さが増すにつれ、子どもたちの心は川に向かった。小さな子には大川（吉野川本

吉野町上市の千股川。小さな子どもたちが遊び場にできたのはこのような川だ

流）はまだ怖く、遠い存在だった。支流の浅い流れで泳ぎ、魚を取って時がたつのも忘れた。少年たちが成長し、やがて行き着くのが本流のアユ釣りだったのだ。

吉野町上市、菊本和男さんは、高等小学校3年の時から先生が大川へ水泳に連れて行ってくれた、と言う。「初級の子は赤はちまきを付けた。少し泳げるとそれに2本の白線が入り、横断できると白はちまきだった。川幅は50メートルぐらい。深い所は3～4メートルあった」

家に帰ると「大川は危ない」と言われ「遊んだのは支流の千股川。幅は2メートルぐらいで、両側に牛の餌にする草が生えていた。深い場所で1メートルぐらい。そこで泳いだ」。遊び相手は、支流の環境に適合して生きる魚たちだった。

瀬の小石の底にはゴリ（ヨシノボリ類）がいた。体長3～5センチで、取ると卵とじにした。「流れがゆるやかな砂底をすくうとシマドジョウが出てきた」。流れにつかった岸辺の草の根の下にカゴを持っていき、そーっと持ち上げるとエビが入り佃煮にした。そこにはハヤ（オイカワ）に似て体側に紺色の帯があるカワムツもいた。あこがれたのはウナギだ。夜づけで取った。

本流では、小学4〜5年の時、毛ばりでシロハイ（ハヤ・オイカワ）を釣り、そうめんのだしをとった。しかし、釣りたかったのは千股川にはいないアユ。「父親の針を盗み、コロガシ（引っ掛け釣り）をしたが釣れなかった。技術もなく、本流は今と違って荒く深かった。親も、はまったらいかん、とやかましく言った」。アユは「子どもの時にはとろうとも思わない」魚だったのだ。菊本さんが本流でアユ釣りを始めたのは、16歳の時。父親が連れて行ってくれた、と言う。

上市、島田吾一さんは、泳ぎが得意だった。本流でも早くから遊んでいた。「大水が出た後はよく、瀬乗りをして泳いで下ったもんや。泳いでいると頭より高い波が来る。そのてっぺんに乗るのがおもしろかった。みんなやっていた」。増水して速くなった流れを、200〜300メートルも下ったと言う。小学5、6年生ごろの思い出だ。

少年たちが狙ったオイカワ。関東ではヤマベと呼ぶ。銀色の体は大人の釣り人もひきつける。特に冬は美味。産卵期の雄は体側に赤と青のしま模様が出て美しいが味はまずい（和歌山県立自然博物館）

川遊び・魚たちは川の先生

二十代後半からアユ釣りの魅力のとりこになった下市町下市生まれの柳谷京和さんも「小さいころは大川（吉野川本流）は今の3倍ぐらい水量があり、アユ釣りを始めていた30歳のころでも怖かった」と言う。下市の大西一さんが「大川に釣りに行ったのは17～18歳になってから」だ。

2人が子どものころの遊び場は、家の近くを流れる秋野川だった。柳谷さんには「夏は毎日、川に来ていた。自分とこの庭みたいだった」川だ。柳谷さんらが遊んだあたりは今はひざぐらいまでの深さだが、当時は「背丈ほどの深さの淵もできていて飛び込んだ。今はヘドロがたまり、岸には草が生えているが、以前は砂利か砂の底で、岸には湧き水も出ていた」。

小さな川には大型魚はいないが、流れの法則に従って瀬、淵ができ、底が石か砂かの差もある。場所によって住む魚の種類も異なった。

小さな玉網で魚取りができたのも、支流だからこそだ。底にへばりついているネホ（カマツカ）は人影に気づくとすぐ砂にもぐる。「玉網を上からかぶせ、砂ごと引いて陸に上げた。15～20センチの白身でおいしい魚だ。これとジャコ（オイカワ）はいちばんたくさん取った」と柳谷さん。カマツカ

下市町の街中を流れる秋野川。夏は子どもたちの歓声が絶えなかった。

水底にいるカマツカ（滋賀県立琵琶湖博物館）。
砂にもぐって隠れたつもりになるから簡単に子どもたちに捕まった

オイカワ（御勢久右衛門さん提供）。子どもたちが「ジャコ」と呼んだ魚の多くはこれとカワムツ。それだけ身近だった

小判形のギンブナ（滋賀県立琵琶湖博物館）。秋野川の水がきれいだったころは数が少なく子どもたちのあこがれの的だった

は口から砂を吸い込んでエラ穴から出し、主に虫をこして食べている。砂が汚れるとエラの病気にかかりやすい。きれいな砂底でないと生きられない魚だ。

本流では釣っていたオイカワも、支流の浅瀬では素手で取れた。「アサジ（オイカワの雄）は年取ると赤くなる。玉網で10回くらい追い回すと岩の間に入ってもたれ、ジーッとしているので手づかみできた」。オイカワの雄は、産卵期には横腹に赤と青のしま模様が現れる。よく目立ち、長い尻びれを持って動きが遅いので子どもたちに狙われやすいのだ。体もざらざらしてつかみやすくなる。大西さんも「浅い所で1〜1・5メートルの棒で水面をたたきながら追いかけるとつかまえられた」と言う。ただし「産卵期の雄はきれいだが、身がやせておいしくない。雌は卵を持ち、肉も柔らかかった」。

子どもたちには魚の値打ちのランクがあった。柳谷さんは「ジャコよりも小判形のフナやコイのほうが取れるとうれしかった。フナはなかなか取れず、釣るとジャコ30匹にフナ1匹ぐらいの割合だった。フナは戦争中の防火用水に入れておいた」と言う。当時の秋野川では、きれいな水、砂や石底を好む魚たちより、ある程度濁りに耐えられ、泥底を好むフナのほうが珍しかったのだ。

瀬で泳ぎ、岸の草の下にひそむ、砂にもぐる、川底や岸の石の間に隠れる、など住み場所もさまざまな魚たちは、川は本来そんな環境の組み合わせであることを、子どもたちに教えていた。

川遊び・子どもたちの〝伝統文化〟

吉野川の支流では、魚取りの道具も簡単だった。子どもたちは、魚がいる場所、それぞれの生態によって使い分けた。

秋野川で魚取りを習った大西一さんの道具は「母親の目を盗んで台所から持ち出した金網」だった。岸辺のヨシの根元に金網を置き、足で追い込むとカワムツが入った。この魚は流れのゆるい岸の茂み

婚姻色の出たカワムツ（滋賀県立琵琶湖博物館）。オイカワが開けた瀬に出るのに対し川岸の草の下などに潜んでいることが多い。オイカワより太め

の下などを好む。柳谷京和さんによると「追いかけても浅瀬を逃げるだけのオイカワのようには捕まらない」。竹の棒の片方に重しの石を付け、反対側に川虫をエサにした釣り針を付けて川に放り込んでおくと「ジャコ（オイカワ、カワムツ）は何でもかかった」。ただしカワムツは「ようけいたが、値打ちはなかった。ニワトリのエサにもした」というような扱いも受けた。横幅があり肉の量は多くても、オイカワより味が落ちるためだ。大西さんが「川でいちばんの遊び相手」に挙げたのもオイカワだ。

秋野川でも、川底の石の間にミミズを差し入れる穴釣りでウナギ、ギンギ（ギギ）が取れた。ギギは背開きして蒲焼にした。ギギの仲間のアカニャン（アカザ）も「秋野川の大きな石の間にたくさんいたが、網に入ると放した。背びれ、胸びれのとげで刺されるとギンギの倍痛かったから」と柳谷さん。タオルも便利な網

泳ぐオイカワ（滋賀県立琵琶湖博物館）。体型も瀬での生活向きだ

ギギ（滋賀県立琵琶湖博物館）。ヨシや水草の間でこのような姿勢を取り休んでいることがある

用水路にいた小さなマシジミ。淡水産。スーパーなどで売られているシジミは大部分が海水の影響を受ける場所にいるヤマトシジミ。琵琶湖固有のセタシジミは減少が心配される

になった。

子どもたちが川で取る魚は、立派な食べ物だった。大西さんは「取った魚はみな食べた。ジャコ類は大きいのは焼き、小さいのは川のそばの畑に植えてあったサンショの葉と一緒に甘辛く炊いた。海魚は遠くから氷詰めにして持ってきていて高かったから」と言う。

同町仔邑の秋野川べりにあった辻本豊子さん（1927年生まれ）の家は、窓の外の縁から釣りができた。「子どもが小さい時、アカマツが釣れた。道具は割りばしの竿、木綿糸と針。餌はハエたたきでとったハエ」だった。「アカマツ」はカワムツの雄。「焼いて食べたが子にかわいそうと怒られてやめた」。子どものころ、道路沿いの溝にはシジミがいた。溝は幅50センチほどでひざまでの深さがあり、両側から草がかぶさっていた。シジミは、竹ざるですくって持って帰ると母親が汁にしてくれた。「砂があるから身は食べなかった」そうだ。農業用水用の溝は毎年、底の土を上げて掃除したが、シジミはいつもいたという。岸の草を足や棒でつつき、ざるで小さなエビやゴリキも取った。透明なエビは塩ゆでするとく赤くなった。おやつにしたが「ヒゲが口の中でグシャグシャした」思い出がある。

シジミは、以前は秋野川から新住地区の田んぼへ水を引いた水路にもいた。今井清三郎さんによると「用水路からシジミが姿を消してから20年にもなる。水が汚れるとシジミは最初にいなくなる」。

日本には3種類のシジミが分布しており、成長すると姿はそっくりになるが、生息場所、繁殖法が違う。秋野川の水を引いた溝にもいるマシジミは本州～九州の川の淡水域に生息し胎生。よく食用にするヤマトシジミは全国の潮水が入る河口や湖で取れ卵生、セタシジミは琵琶湖の特産で卵生だ。

　魚取りは年上の子から教え継がれる子どもたちの〝伝統文化〟だった。大西さんは「道具はなくても魚を知っておれば取れる。何でも買える今の子にあの楽しさを伝えたい」と願う。

川遊び・熱中したあの夏の日

　吉野川の支流は、小さな子どもたちにも手ごろな水泳場だった。秋野川は、夏になると朝から夕まで、子どもたちの歓声が絶えなかった。

　大西一さんは「前は背が立たない所が何カ所もあった。今の水量は昔の5分の1。そのころ、川遊びはいちばんの楽しみで女の子も川に入った」と思い出を語る。当時は子どもにも仕事があった。「親に働けとは言われなかったが、みんな割りばし屋で子ども向きの仕事をさせてもらい、遠足の費用にしたり、靴を買っていた。自分には妹の世話もあった。父親が昼寝している間にそーっと川に行き、午後2時に寺の鐘が鳴ると家に帰ったが、父がまだ寝ていたらまた川に行った」。吉野杉を材料にする割りばし作りは、今も下市を代表する産業だ。

辻本豊子さんによると「親には、家の手伝いをせえ、と言われていたが、兄が付いているのならと60分だけ川に行くことを認めてくれたので、浅瀬で泳いでいた。女の子は少なかったが」。やはり「水は減った。今は足首ぐらいの深さの所も当時は50～60センチあった。兄たちは上流の立石《たていし》（地区）まで上り、泳いで下っていた。そのころは、堰《せき》以外では腹を底ですらずに下れた」と言う。

同町善城《ぜんき》、藤谷山瀧上寺の裏は、流れが長い間に岩盤を掘り下げた長さ40メートルほどの細い溝だ。子どもでもやっと通れる箇所もある。まるでジェットコースターだ。その形から「銚子《ちょうし》の口」と呼ばれてきた。ここが同寺住職、宇野恵教さん（1951年生まれ）らの泳ぎ場だった。「いつも泳いで下った。壁にぶっつかり体中きずだらけになって。流れが落ちる所は滝つぼのようになっていて、子どもは足が届かなかった。飛び込んでもぐり、底の砂をつかんで滝の水に打たれながら浮き上がって、手に残った砂の量を競い合った。一日中川で遊び、唇が紫色になってもスイカを食べるとまた川に戻った」。ハチの子をエサにハエジャコを釣り、父親に「お前、二度の殺生やど」と叱られた思い出もある。奈良市の中学に進学した後は、友達が大勢泳ぎに来たという。すでに奈良市内の川では泳げなくなっていた。「あのころが懐かしい。自分たちが小学校を卒業して10年ほどすると、子どもが川に行かなくなった」そうだ。宇野さんが川で泳いでいたころも、農薬散布のため水泳を禁止した区域を示す赤旗が立てられるようになっていた。禁止区域のそばでも泳いでいたが、水も汚れ、やがて学校にプールが造られ始めた。

川との付き合い方も変わった。宇野さんによると「河原でキャンプしたりするのは、一日中川で遊び過ごした僕らの後の世代から」だ。

自宅裏を秋野川が流れる同町下市、藤田昌宏さんは「親が子どもを川で泳がせなくなってからもう30～40年になる。魚取りをする声がしていたのも10年前まで。そのころは上から見ていて魚がいる場所を教えてやったのだが」と寂しがった。

川遊び・怖かった〝ガタロ〟淵

秋野川には、ガタロが潜んでいるという淵があった。魚取りや泳ぎに、時がたつのも忘れる子どもたちに、親が言い聞かせていた話だ。ガタロはカッパ（河童）の奈良、和歌山地方などでの呼び名。カッパは元々、関東、東北で言っていた名だ。

辻本豊子さんは、子どものころ、ガタロは実在すると信じていたと言う。ガタロがいると言われていた佇邑地区の「いで」（淵）は自宅近くの下市温泉から数百メートル上流。高さ50センチほどの岩盤から水が流れ落ち、下はえぐられて「トポンと深くなっていた。高等科だった兄が立っても頭が少し出るぐらいだった」。ここがいつもの遊び場だった。周囲にはカヤが高く茂り薄暗い。「うっかり草の上を歩くとポコンといでに落ちた。中はヌルヌルの泥だった」。昼間でも1人でいるのは心細かった。泳ぐ時には5～6人が一緒だ。

この淵に行く時、母親はいつも辻本さんにキュウリを2本持たせてくれたのだそうだ。いでに入る前には、キュウリを折って流れにポイと投げ込み「ガタロさん、ガタロさん、キュウリをあげるから血を吸わんといてや」と唱えてから泳いだ。口上も母親から教えられた。「母親は、いでにはガタロがいる、血を吸われたら淵の中に引き込まれる、ガタロはキュウリが好きだから、と言っていた」。良い遊び場だったが淵は怖かった。「川の中で人の体がさわったり、流れが渦巻いて体にまとわったりすると、ガタロかと思ってキャーッとひしった（絶叫した）」

上流に行っていた兄たちが泳ぎ下ってくると、ついて下った。今の温泉の横にはもっと深い「いでのかた」があった。小さい子は怖くて遊べなかったが、親たちもここにはガタロがいるとは言わなかった。周囲に「いつも人の目がある所だったから」だ。

ガタロは「ただ怖いもの」で、具体的な姿は思い浮かばなかった。母親は「カッパや。人間みたいで指の間には水かきがあり、黒い顔をして目がギラギラし、口はとがっている。ガリガリにやせて頭に皿がある。小柄で（当時、小学6年の）お前ぐらいの大きさだ」と言っていた。辻本さんは「口がとがっているのにどうして血が吸えるのか」と思ったそうだ。

キュウリは家の畑で栽培していた。ほかの子は持ってこなかったので折って渡した。川での口上は下流の「善城、新住（地区）の子も言っていた」と記憶している。母親がガタロの話を「どこから聞いたのかは分からない。母は下市町長谷《ながたに》の出身だから、そこを流れる丹生《にゅう》川に伝わっていた話かもしれない。秋野川よりずっと大きな川だから」と言う。ただ、辻本さんは、その後、教師になり、同町内で伝承の採集もしたが、長谷地区でこの話は聞いていない。

五條の吉野川で子どもたちに釣り上げられたスッポン（2005年7月の「水辺の楽校」）。首を伸ばしてすぐかみつくからイシガメやクサガメのようにはさわれない

カッパのモデル候補の一つのスッポン。そんな雰囲気も漂わせている（和歌山県立自然博物館）。甲長40センチになることもある。甲羅をおおう皮ふからも酸素を取り入れる水中生活に適応したカメ

秋野川には、ほかにもガタロ（カッパ）の伝承が残っていた。

瀧上寺の29世住職、宇野恵教さんは、次の話を近所の年配の人から聞いている。

「住職が便所で用を足していると尻をなでるものがあった。その手をつかまえると寺の裏の銚子の口に住む〝ガタロ〟だった。『いたずらするな』と叱ると『許してください。二度としない』と言うので放してやると、傷薬のこう薬を置いて帰っていった」

1958年刊の町史『大和下市史』では、「今から約百二十～百三十年前」のことで住職は22世となっている。宇野さんは「以前、寺で売っていた薬の宣伝に利用した伝承ではないか。自分は22世のこととだとは聞いていないが」と推測する。地元ではガタロとカッパは別のもの、とも言っていたそうだ。

今井清三郎さんは、同町阿知賀瀬ノ上の吉野川本流に伝わっていた話を覚えている。

「椿の渡しには昔、小さい橋があった。ガタロがけがをしていたので連れて帰り直してやった。それからは毎朝、家の前にお金を置いてくれていたが、ある日『もういらんなー』と話したら翌日からピタリとやんだ」

両伝承とも同じ型の話が全国に伝わっている。

日本民俗学の先駆者、柳田国男は大正3（1914）年発表の論文で、カッパは、本来は水の神だったが世の中が進む中で落ちぶれたもの、と論じた。今でも通説になっている考えだ。彼は各地に多い、カッパが馬を川に引きずり込もうとした、という話も、古くから水の神に馬を捧げ降雨、止雨を祈った名残、と考えた。

しかし、不思議な薬や金をもたらした二つの話のガタロは、妖怪に姿をやつしていても、なお不思議な力を残している。

カッパはわが国の民話の中で、比較的新しい妖怪だ。薬になる動植物について述べた書などによく登場するようになったのも、江戸時代に入ってからだ。江戸時代前期の元禄10（1697）年の本草書、人見必大『本朝食鑑』にも「河童《かわろう》」として出ていて、スッポンかカワウソの古いものという説を紹介、すでに「頭には皿がある」と説明している。その後、文化3（1806）年刊の小野蘭山《おのらんざん》『本草綱目啓蒙《ほんぞうこうもくけいもう》』では、背に甲羅がありキュウリを好むことになっている。

モデルになったカワウソは、吉野川本流にも生息していた。1920年生まれの川上村白川渡、山口梅次郎さんは「白川渡の吉野川沿いにある鍾乳洞の中に、ある人がトラバサミを仕掛けるとオイソ（カワウソ）が掛かったので持って帰ったと母から聞いた。母より少し若い人の少年時代のことだ。自分が生まれる前だ。オイソは大きいから抱いて持って帰ったという。それがこの川で最後のカワウソだったのでしょう」と話していた。

白川渡の下流側隣地区、武木出身の杉本充さんは1932年生まれ。小学3年のころ、地区入り口に架かる武木橋から700メートルほど下流左岸にある大きな石灰岩の「オソ岩」の前でカワウソらしい糞を見た。オソはカワウソ。糞は「長さ5センチぐらい。テンにしたら大きく、魚の骨ばかりだった」と言う。比較の対象にしたホンドテンは、カワウソと同じイタチ科で大きさはネコぐらいあり、ホンドイタチより大型。主に樹上で生活してムササビ、鳥などを捕らえ、熟れた木の実も食べる。

川遊び・あこがれの大川へ

支流で遊んでいた少年たちに、やがて、大川（吉野川本流）に出る日が来る。大川には、それまで手が出なかったアユやウグイ、ナマズなどがいた。泳いで渡れないと先輩や仲間たちに、一人前扱いされない瀬もあった。

藤田昌宏さんは、11～15歳ごろ、父親の勤めの関係で大川沿いの吉野町六田で過ごした。初めて吉野川で釣りをした日は「今も覚えている。仲の良い友達2人と一緒だった。梅雨が終わったころで増水が引き、ささ濁りになっていた。その日は半分大人になった気がした」。それまでは秋野川が遊び場だった。「それからは、朝飯を食べると川、の日々。六田での川遊びは、今も強く印象に残っている」

「ささ濁り」は、出水が引き始め、濁りが取れて、ひざの下までの流れにつかって親指のつめが見分

釣り上げた大きなナマズにやや当惑気味の子どもたち（2005年7月、五條市「水辺の楽校」）。夕方、針に餌をつけて川に投げ込み翌朝引き上げる夜づけの釣果。寝床の中でわくわくしながら夜明けを待った体験を覚えている人も少なくなった

けられるくらいになった状態だ。アユ釣りを再開する時の目安にした。

吉野町上市にいた小学3～4年の時には、父親に連れられて夏は夕食後、大川に網漁に行った。父親がよどみに石を投げて魚を追い、刺し網を円形を描くように投げるとハエジャコ（オイカワ）やアブラハヤが掛かる。網をたぐる時、父親の合図で懐中電灯をつけるのが役目だった。「漁の楽しみと食べるため。川と付き合う生活の始まりだった」と藤田さん。後に中学の理科教師の道に進み小学校長を務めた。

小さいころは秋野川で遊んだ柳谷京和さんが、初めて大川で泳いだのは小学4年の時。「大川は水が多くて、そりゃ怖かった」。ボールを流して取りに行く、岩の上から飛び込む、などが遊び。サバの「三角」（心臓）をエサにウグイを釣ったのも中学生になって大川で。水に潜っての穴釣りでは、秋野川にはいない

五條市の吉野川で水遊びする近くの五條小学校の児童たち。ここしばらくは見られなかった光景だ

ナマズも釣れた。普通の釣りで「ジャコ100匹はわけなかった」そうだ。「そんな遊び、この川筋の60歳以上の者なら、みなしとる。それ以下は経験ない。川に入らなくなったから」

下流の五條市では、子どもたちが小さいうちから大川で遊んだようだ。同市新町、河﨑眞左彌さんは「夏の遊びは川しかなかった。前に大川があるのだから。近辺ではみなそうだ。もっとも親は誰かが川辺に出て見ていた」と言う。家の下手の分流に幅5メートルほどの瀬があり「飛び込んで渡れたら一人前。瀬の向こうでは足が立つが、一息にそこまで行かないと苦しくなる」。下流には深い所があって、親は「主《ぬし》のヒゴイを見たら怖い」と言っていたそうだ。河﨑さんは一度、まだ濁りが残る川で遊んだ時、川に詳しかった曽祖父から顔を容器の水につけられ折檻《せっかん》されたことがある。「怒ったことはない人だったのに。恐ろしかった」思い出だ。河﨑さんの父、彌十次さんは身辺のことなどを書き残した「覚え書き」に、身近に起きたいくつもの水難事故を記録している。

五條市の大川橋上手にあった「タイホードー」の瀬も少年たちの試練の場だった。御勢久右衛門さんは「ここを子どもが泳いで下ると一人前だった。長さ50メートル、幅30メートル。泳ぐ場所は狭くて浅く白波が立っていた。下ると腹、胸を底ですったものだ」と言う。川は子どもたちに自分の成長とその限界をも教えていた。

筏流し・命がけの男たちの仕事＝山、川と人の暮らし

吉野川は日本一高級な吉野材を支えてきた。吉野川の源がある川上郷の造林は、室町時代・文亀年間（16世紀初頭）に始まるとされている。吉野川の急流はそのままでは筏《いかだ》を流せない。江戸時代に入ると、下流から水路の開削が進み、宝暦3（1753）年には川上村入之波、明治26（1893）年に最奥の筏場に達した。苗から育てた杉、ヒノキも筏に組み、和歌山港に運べたのだ。材木はさらに大阪へと回送された。柳谷京和さんは筏を流している光景を覚えている。「筏は春に多く、毎日見た。

1日に5回流れたこともある」

筏は藤づるで組み、幅は吉野町上市までは1・2メートル、それから下流は2・4メートル。1床の筏をさらに連結した総延長は、約60メートルが普通だった。

筏乗りは危険な仕事だった。高さ10メートル近い両岸の巨岩の間を急流が下る吉野町宮滝では、江戸時代から岩を割って水路を開いたが、事故が絶えなかった。流れに面した岩には30センチ四方ほどの「南無阿彌陀佛」の文字が、慰霊のため刻んである。

筏師は少年たちのあこがれだった。「事故の話は聞いたことがなかった。流れに乗ってうまいこと流していたよ。なりたかったが命がけだった」と柳谷さん。

吉野町上市、島田吾一さんは、今（2005年）も筏乗り体験を語れる数少ない一人だ。

「筏は和歌山県内の井堰が完成（1957年度）したころまであった。流すのは秋、冬と春。10月に木を切り、翌春流すのがいちばん多かった。2～3月に切って秋に流すこともあった。夏はよほどのことがないと行かなかった」。夏を避けたのは、藤が腐りやすいのと和歌山平野の農業用取水で水位が下がるためだ。

流れがきつい五條までは2人、そこから和歌山までは1人で操った。上市から和歌山まで、渇水期の冬は「長くて2日半」の日程。午前5時過ぎには出発した。乗っている間は休めない。

下市と五條の間は急流が続く難所だった。「筏はあっちに当たりこっちに当たり、勝手に流れる。

鼻（先）さえ当てなんだらどうにかついてくるが、当てるとカニの足のようにばらされる」。ついに筏を壊してしまい、ほかの筏師に手伝ってもらって材木を集めたこともある、と言う。

和歌山県内に入ると川幅は広く流れは緩やかになるが、今度は川風と川底の変化が筏師泣かせだった。「日によって砂が動き、浅瀬が３日で変わる。波を見てカンで底の様子をさぐりながら行くが、砂に乗り上げると大変だ。後部が下流側に回ってくるので切って先に流し、つなぎ直した。冬は川上

難所の一つだった下市町・千石橋上手の瀬を下る筏。1955年ごろか（下市町教育委員会提供）。数年後には下流に井堰が完成して流せなくなった

流れがきつい吉野町宮滝の巨岸に彫られた「南無阿彌陀佛」の名号

に向かう西風しか吹かない。風が強いと逆に川上側に流され、岸にへばり付く。こぎまくった。楽な日はなかった。足にはいているのはわらじに足袋だったが、冬も寒いとは感じなかった。よう行ったもんやと思う」。夏は水につかって足の指がふやけ、川から上がって乾くと痛くて「ほうて歩いた」。

２００２年、下市町のケーブルテレビ・下市テレビは、町の歴史をたどる番組のため、同町阿知賀に住む80代の元筏師の話を収録した。そのなかで、元筏師は、操作を誤って「小さな橋のクイに当てると、クイは折れるし筏はちぎれる」苦労もあったと話していた。近道をするため川上村、吉野町の2カ所の発電用水路の狭いトンネル内を筏に乗って下ったという。

川舟・昔は漁、遊覧、渡しに

かつて吉野川では、日本のほかの大きな川と同じように、舟を利用していた。漁、清流の景観とアユを楽しむ屋形船、渡し……今では失われた光景だ。

下市町下市、「つるべすし　弥助」48代目、宅田彌助さんは「何人もの遊覧客を乗せた屋形船が、昭和40（1965）年ごろまで吉野川を下っていた」のを見ている。そのころの「舟下り」は阿知賀（下市町）から鈴ヶ森（大淀町）までの約3キロ。それ以前にはもっと長い距離を下っていた。「船頭は筏乗りの人が空いた時にやっていた」。やめになったのは「川の水量が減って危なくなった」ためだと言う。

上流の吉野町上市、菊本和男さんは、頼まれて屋形船の「舟こぎ」をしたことがある。上市で屋方舟を持っていたのは旅館2軒。川筋には8隻の舟があったことを覚えていた。「戦後の15～16年間の

川舟を使った吉野川特有の投げ込み漁。網を張らないから急流に適した漁法だ。昭和30年代と見られる。背後に並んでいるのは屋形舟（下市町教育委員会提供）

ことだ。客があると船頭仲間を呼び集めた。期間は6月1日の川開きから8月まで。舟遊びは昼間にしていた。舟を使った投げ込み漁でアユやハエジャコを取り、塩焼きや雑炊にした。客は大阪、奈良盆地からも来ていた」

島田吾一さんは、今（２００５年１月）でも冬、舟でハエジャコ漁をする。「この川で舟漁をする者はもう他にはいない」。ジャコは主に小さいオイカワだ。漁期は12月からの厳寒期。「寒いとジャコが群れて動きも鈍くなる。群れがいる所は石を投げてさぐる。いたら飛ぶからわかる。風のない日でないと見えないが」。舟は重い刺し網を運ぶのに必要だ。長さ20メートルほどの網を流れに渡して張り、上から棒で水面をたたき、網へと追い込む。「こちらで海の生魚が少なかったころは、この地方の人は喜んで食べた。10年余り前までは『分けてよ』と言ってくる人もいたし、仕出屋が酒びたしにして折り詰めに入れた。冬は脂がのってうまい。今は取ることが楽しみ。道楽だ。自分も食べるのはイワシのほうがよい」。「凍りバエ」を夜、しょう油と酒で丸ごと炊き、朝、煮こごりにする食べ方もあった。現在、そのジャコが少なくなったと言う。「6～7年前でも1日3貫（約11・2キログラム）取ったことがある。川の虫くらいに思っていたが。今はウに追われている」そうだ。

網に掛かったジャコを川舟の上で外す島田吾一さん（2001年12月）。この舟はプラスチック製

島田さんは、製材の仕事をしていたことがあり、材木に詳しい。舟は30年余りの間に5隻持った。4隻目までは木造で、5隻目は初めてのプラスチック製だ。

「舟大工は前から県内の吉野川筋にはいなかった。専業ではメシが食えないから。下流は舟の利用が多く、和歌山の渋田（かつらぎ町）、粉河（紀の川市）には昭和の終わりごろまで川舟専門の大工がいて自分も頼んだ」。完成まで普通は1カ月かかった。

島田さんによると「その土地の大工は、川の勝手を知っているから、形などもその川に合った舟を造った」。そのころの吉野川は「瀬が多く急で流れはもっと狭かった」。この急流で使う舟は「鼻（先）がちょっと上がった形がよい。水切りが良くて水の抵抗が少なく、川の上り下りが楽。浅い所を通るから軽いことも大事」だった。以前、保津川がある京都・亀岡の大工に頼んだら「向こうの川は広く、急な所がないから、海のように鼻の低い舟になった」と言う。

川舟は、底を石で打つため、前部の底板は厚さ約4・5センチあったものが7～8年使うと約1・5センチにまで減り、側板はきれいでも使えなくなる。海舟との違いだ。川舟には防腐のための塗装はしない。「腐るより底が減るほうが早いので、ペンキを塗っても意味がない」からだ。

島田さんは、木は自分で用意した。舟材は杉だ。「ヒノキは水を含むと重くなるし、木が硬いからはしかい（もろい）」

木造の4隻のうち3隻は吉野杉を使った。初めは「節があるのは嫌いだから木目がきれいな高級な木を使ったが、さくく（もろく）てだめだった。硬いので川底の石に当たると一発で割けた」という経験もした。

3隻目には、舟材として有名な宮崎の飫肥《おび》杉を大阪の材木店で見つけ購入した。島田さんは「節が多く、それが生きていて舟にすると強い。吉野杉は、密植するので日光が当たらなくなった下のほうの枝は枯れて落ち、枝打ちもする。節があっても死んでいるのでそこから水が入る」と説明した。

飫肥は疎植で、植える苗木の数は吉野の20分の1のこともあった。枝打ちもしないので下のほうの枝にも日光が届き、節が生きて残る。杉は日陰になった枝は自然に枯れて落ちるのだ。そのうえ、暖かいから成長が速く、木目が粗い。曲げやすく粘りがある、舟材に適した木に育つ。一方、吉野は密植し、間伐、枝打ちを繰り返すので木目が細かく節が少ない木が育つ。天井板などにする高級材だが、舟材には不向きだ。

島田さんは「飫肥杉は少々ドーンと石に行っても傷みが少なかった。ただし耐久性は脂気がある吉野が上」とも話していた。どちらの杉でも舟は7～8年使えた。プラスチック舟は「軽すぎて網を入れる時に動いて困る」そうだ。

おいしい水がいい魚を育てる

見てきたように、アユなどの生き物は、川の全体的な環境の証人だ。彼らは、川はそれぞれ個性的であり、水源から河口まで一体のものだと語っている。「水のおいしさ」も、魚たちが伝える川の情報だ。

中学時代からアマゴ釣りをしてきた川上村武木出身の杉本充さんは、行った先の渓流で水を飲んできた。「水があかんと魚もあかん。水の味が魚に残っている。人間の舌は敏感なもんですよ。雑木林（落葉広葉樹林）から出た水はおいしい。本宮町《ほんぐう》（和歌山県田辺市本宮町）の大塔川《おおどう》と四村川《よむら》は並んで流れているのに、大塔川のほうがおいしい。大塔川の上流は天然の落葉樹林だが、四村川はほとんどが人工林だ。また、古い林は地面が落ち着いている。伐採後は水が若い」。これまで15以上の渓流で試飲した。おいしい水について「こくがある、甘い。感覚的なものだが、飲むと実感する」と表現した。

2006年4月、杉本さんから川上村内の4地点でくんできた水をいただいた。大峰山脈東側の渓流と吉野川源流など3カ所の湧き水だ。1日おいてどれも同じ温度にして飲んでみた。渓流の水はかすかな木の葉の香りがするような気がした。湧水はどれもとっつきやすい感じだったが、主に〝甘さ〟に多少の差があり、味はそれぞれ違うと感じた。それにしても、天然の水にこれほど個性があろうとは、それまで考えたこともなかった。このなかで杉本さんが「おいしい」と太鼓判を押していたのは、渓流の水だった。

よく保たれた森林から流れ出る渓流の水は、雨水よりもきれいで、しかも水質が安定していることが、分かっている。森林が水を浄化するのだ。

奈良盆地などに飲み水を送る県水道局下市取水場

おいしい水の条件には、適度のミネラル（鉱物質）、硬度、炭酸ガス、水温などが一般的に挙げられる。濁りや汚れ、細菌、悪臭などは論外だ。

大峰山脈西側ふもとの鍾乳洞から湧く天川村洞川《どろがわ》の「ごろごろ水」は、日本名水百選の一つ。わざわざ車でくみに来た人たちに、どうおいしいのか、水道水と違う点などを聞いてみた。月２回来る大阪の女性（50代）「まろやかでおいしい。夏も味は変わらない。水道水はコーヒーやご飯に苦味が残る」。大阪から夫婦で来た女性（50代）「無味無臭でくせがない。冷やして飲むと夏のほうがおいしい。水道水も冷やしたら変わらん、という人もいるがそこまではしないから。ごはんを炊いてもまろやか。くみに来る甲斐《かい》はある」。

「おいしさ」の表現には「無味無臭」「まろやか」「くせがない」という言葉の使用が目立ったが、ほかの人も水の味、おいしさ、水道水との違いの説明には、苦心していた。消毒用のカルキが、水道水の最大のハンディだった。

水の味論は、それこそ水掛け論みたいになるが、川上村の自然と生活を都市の人たちに紹介している「山の学校　達っちゃんクラブ」担当の喜家村玲子さん（1961年生まれ）は「水のおいしさの違いは確かにある」と言う。「いい水は飲むとさーっと全身に入る感じ。舌に何も残らない」。同僚の伊藤愛さん（1980年生まれ）は飲用、料理には村内柏木の湧き水を使う。「いい水は甘い。料理すると違う。ご飯ものは絶対」だそうだ。

鍾乳洞は、雨水が気が遠くなるほどの時間をかけて石灰岩を融かし開けた洞窟だ。石灰岩をつくるカルシウムは、水に含まれる主要なミネラルであり、硬度成分のなかでも重要だ。水の味を左右する。ミネラルが多すぎて硬い水はしつこく、逆に少ないと、こくがない。川上村大滝から上流の大迫一帯までは石灰岩などが形成する約3～1・4億年前の秩父累帯が広がる。柏木では巨大な石灰岩が国道169号沿いで見られ、「不動窟鍾乳洞」もある。水源の大台ヶ原でも石灰岩の層が露出している。誕生した南方の海から地殻変動で移動し隆起したと考えられている。

御勢久右衛門さんが子どものころ、短い棒に結んだ釣り針を流れに沈めておく置き釣りの重しにしたのは白い石灰岩だった。石の川底の間でも目印になった。石灰岩は「あのころも数は少なくて河原中を探した。見つからないと電柱のガイシを代わりにした」。よく釣れたのはオイカワ。「釣れると岸のネコヤナギに刺しておいた。5～6匹持って帰ると母が焼いてくれ、酢漬けにして食べた」。この

吉野川沿いにそびえる石灰岩の山（川上村）。はるばると南方から移動してきた太古の海底だ

置き釣りは吉野川流域では広く子どもたちの間に伝わる方法だった。

現在、石灰岩は大淀町下渕辺りまでの河原にはよく転がっているが、五條の河原では見かけないようだ。柔らかいから流されているうちに摩滅し、たどり着けないらしい。石灰岩と同じ地層にある緻密《ちみつ》で堅いチャートは今でも五條の河原に多く、色は赤いのが目立つ。吉野川上流の石灰岩はサンゴや動物の殻など、チャートは放散虫というプランクトン、カイメンの遺骸などが海底に堆積した岩だ。吉野川ははるか太古の海底に源を発し、現在の海へと流れ続けている。

吉野川の水は、下市町の県水道局下市取水場から、奈良盆地の奈良、生駒市など24市町村に送られている。水質は、吉野町の津風呂川合流点から下流は通常の浄水処置で飲めるＡランクで下市取水場はこの区域内、上流側は簡易な浄水処置ですむＡＡランクだ。以前、

白い石灰岩（左）と赤いチャート。堅いチャートは石器の材料にした地方もあるが、紀の川流域での発見例はごく稀。身近な所で入手できるのだが

県水道局の職員に取材していて水のおいしさが話題になった時、彼は「吉野川の原水はいい水」と胸を張り、「上水道も湧き水も味に差はないはず。水温の違いだけではないか」と言い切った。

しかし、気になることがある。五條市五條、森本和男さんは「川は１９６８年ごろから少し後がいちばん汚れていた。近年は大分きれいになった」と言う。その傾向とは逆に、古い釣り師たちは「近年、アユの味、香りが落ちた」と証言する。五條市では２００４年１月、上水道の水にカビ臭が発生。１９６２年の給水開始以来初めてのことだった。市水道局は「川の水位低下で水が滞留し、藍藻類がつくる臭気物資が発生したため。人体への害はない」と説明した。カビ臭は一時収まったが、２００５年４月再発してその後も続き、水道局は活性炭で対処した。藍藻発生の原因、仕組みは分かっていない。

かつての吉野川の水は、今では想像できないほどきれいだったようだ。現在でも吉野町上市あたりでは澄んでいるように見えるのだが、ここで育った菊本和男さんによると「ここらも前はもっと透き

通っていた。川岸の家では川の水をつるべでくみ上げて飲んでいた。2007年7月、上市からさらに上流の同町楢井でも74歳の女性は「最近は水道の水にカビの臭いがある。お茶にしても消えない。水が流れないからではないか。嫁いできたころは、水はものすごくきれいで川幅も広かった」と話していた。

水のおいしさにこだわっても、現在の川の状況に直面する。水のおいしさは、これからの世代に渡す川の在り方を探る時、その道筋を考える鍵の一つになるのではないか。川の自然浄化力は、もっと重視されてよいと思う。それでなくても短い日本列島の川は、大陸の川に比べ、浄化力は低いのである。

清流・吉野川の流れを前にした店にも、フランス、米国・カリフォルニアなどから輸入した水のペットボトルが並んでいるのは、やはり不思議な光景だ。

手漉き和紙の里・もう川では晒《さら》せない

吉野川に沿う吉野町の南大野、窪垣内地区は、古い歴史を誇る手漉《す》き和紙の里である。最盛期には両地区がある旧国栖村で300戸が従事していた。今も南大野、窪垣内の9戸が、伝統を受け継ぐ。

南大野の植貞男さん（1938年生まれ）は、和紙づくり5代目。1964年からこの仕事をしてきた。今は息子の浩三さん（1968年生まれ）と一緒だ。この地に和紙づくりが定着したのは「吉野川のきれいで豊かな水があったから」と説明した。和紙の原料は楮《コウゾ》。1月に刈り取り、釜で蒸して、はいだ皮を乾かす。これを水に晒《さら》して黒い表皮を取り去り、紙に漉く白皮を乾かす。漉く前には、さらに水に晒す。寒中は2日かけて不純物を流した。「水質は紙を白くするのに大切。水の量が多いと原料の付着物を取りやすい。吉野川は上流に石灰岩があり、さらすと漂白される」という川の水が和紙の里を守ってきた。白さは紙の命だ。白皮は100キログラムの木から7～8キログラムしか取れない。今では年中、漉いているが、高級品は白皮とノリウツギの木から取るノリが傷まない寒中だけできる。

植さんは現在、吉野川ではさらしていない。「1991、92年ごろからやめている。大滝ダム（川上村）の建設が始まると、泥水が流れてくるようになった。川底は、前は石だったのに細かい砂になり、足を入れると泥が浮いてつけた楮に付く。これはアユの味が落ちたといわれることとも、関係があるはずだ。上流の大迫ダム（1973年完成）建設の時には、こんなことはなかったが。それに家庭排水が多くなり、流れにつけておくと不純物が付く。水も減った。今は吉野川の伏流水と谷川の水を水槽に入れて使っている」

　大滝ダムは奈良県内にも大きな被害を与えた１９５９年の伊勢湾台風の後、洪水調整、水道・工業用水確保、発電を目的に計画された。２００３年に完成の予定だったが、試験貯水は同村白屋地区で地滑りが発生したため２００７年８月現在、中断している。計画された時、河川法がその目的に掲げていたのは治水、利水だった。稼動するのは１９９７年の法改正でそれに環境の整備と保全が加わった後になるダムだ。

　ダムができると水の汚れは避けられない——吉野川沿いでも多くの人が、大迫の体験、ほかのダム

手漉き和紙づくり5代目の植貞男さん。今は吉野川の伏流水と谷川の水を水槽に引き、楮（コウゾ）の皮をさらしている

の例を挙げて言う。吉野川のように流域に大きな工場などがない川での〝汚れ〟は、崩れた山地や工事現場などから出る細かい泥（シルト）と家庭排水などの有機物に大別できる。流域に人家が少ない河川上流のダム湖で問題になるのは、シルトだ。なかなか沈まないため、洪水でいったん湖に入ると長い間、濁りが収まらず、放流されて下流にも及ぶ。ダム湖の水は、季節によって、主に温度ごとの層をつくり、流入量が少なく湖水が停滞する時期には、濁り水の層もなかなか壊れない。大滝ダムは、放流する深さを選べて洪水後は濁った水を速く放出できる選択取水ゲートを備えるが、御勢久右衛門・奈良産大名誉教授は「大滝ダムができると生物には今より悪くなりますよ。それを承知でみな了承したのだが」と指摘した。

ダムについて、植さんは「いったん、ためると水がいたんでしまう」とも言う。もう吉野川でさらすことはあきらめているようだ。

わが国の多くの川と同様に、吉野川でも否応なしに、少なくとも現に存在するダムを前提に環境を考えざるを得ない。この点でも、ダムは苦渋の選択だった。

水量の不思議・昔の人は洪水を恐れず？

吉野町六田、梅谷芳季さんからは、少し不思議な話を聞いた。梅谷さんは1952年から吉野川沿いに住む。家の裏は川に面し、家屋の下の畑からそのまま流れまで河原が続き、ゆるやかに傾斜している。「昔の人は洪水になっても『水はここから上には来ない』とそう怖がらなかったようだ。ここでは家の下にある畑がつかる程度だと」。転居して来た時、80歳くらいのおじいさんが話していた、と言う。梅谷さんの経験でも、目安にしていた畑がつかるのは「何年かに一度」だった。しかし、「今（2001年）は年2～3回は畑がつかるか、それ以上まで来る。台風が来たり、集中豪雨の時は必ず」。1959年の伊勢湾台風は特別にしても「1983年8月には畑の上2メートルまで水が来た。それ以来台風が来ると怖い」そうだ。

吉野川南岸の吉野町飯貝、苧木一郎さん（1933年生まれ）も「川に面した人家のすぐ1メートル下が川面だったが、小さい時から家が洪水につかった記憶はない」とかつての水量の安定ぶりを語った。

1973年、川上村に大迫ダムが完成した。しかし貯水は農業用、飲用と発電用で洪水対策は目的にない。たとえば、洪水期の前にあらかじめ水位を下げたりはしないという。洪水対策も目的にした大滝ダムが稼動していない現在（2007年8月）、大迫ダムにその目的に必要な水量があれば、吉野川には原則として山から出た水量が流れる。ここ数十年来という、それまでの経験からは異常といえる出水の仕方は、山の保水力とつながっている。

1973年に完成した大迫ダム。農業用、飲用、発電用で洪水対策は目的になっていない

伊勢湾台風の後、下流の五條市街地には、現在の高い堤防が築かれた。しかし、文化元（1804）年に描かれた『五條十八景』の「野原柴橋」には、石河原の向こうに人の背丈よりやや高い程度の石垣があるだけで、その上に新町通の家が並ぶ。川と並行して東西に伸びる新町通は明治以降も低い場所はたびたび水につかっているが、今も約1キロメートル間に江戸時代・17世紀からの民家が残っている古い街並みだ。当然のことながら、ダムも今の堤防もなく、伊勢湾台風の後で川底が掘られるはるか昔なのに、洪水への警戒心は意外なほど少ない。そうした感覚を、今でも覚えている人がいる。

五條市新町には、かつて吉野川の舟着場があった。新町通は、昔は紀州に通じる主要道だった。

同町の河﨑眞左彌さんは、これまで何度か洪水を経験している。「堤防がなかったころは、家の下の石垣

吉野川沿いに人家が並ぶ吉野町六田。かつては増水しても何年かに一度家の裏にある畑がつかる程度だったという

五條市・新町通に沿う人家と伊勢湾台風の洪水の後に築かれた堤防、吉野川

『五條十八景』の「野原柴橋」（個人蔵）。対岸の左側に新町通がある

までは年1～2回水が来た。怖いと言うより『また来ている』という感じだった。大水の初めには、木っ端などが流れてきて、その上にヘビやキリギリス、トンビが止まっていた。この辺は新町でもいちばん低い所だ。床下までの水は何とも思わなかった。家具を積み上げて家に残った」

奈良県内でも川上村の72人をはじめ、116人が犠牲になった伊勢湾台風の出水は、予想以上だった。「じわじわと7～8時間かけて水が増えた。引く時は1時間だったが。自分は高校生で父と家に残り、1階天井まで水が来た時に泳いで逃げた。向かいの2階に一人暮らしのおばあさんがいて手を合わせて拝んでいた。窓を破り、樽《たる》につかまらせて引いて行こう、と話していたが結局、必要なかった。親父は、天井までつかるのは60年に1回、と言っていた」。新町通の少し高い所に住む御勢久右衛門さん方もこの時、床上まで

「野原柴橋」があった辺りの明治〜大正初めごろと思われる光景。橋の位置は柴橋と同じようだ（市立五條文化博物館提供）

大川橋（右）の位置がほぼ「野原柴橋」が架かっていた所。対岸を新町通が通る

水が来た。「その最中に父親は100～200年間の過去帳を調べ、家がつかったことは書いていない、と言っていた。水害という意識がなかったのかもしれないが」

新町通沿いの西口町で宝暦7（1757）年から書き残した「町月行事」には、江戸時代、近隣村で起きた火災や地震も出ている。文化12（1815）年6月の大雨の時、上流の下市では山崩れ、大水による死者が出たが、西口町は「人損」なしと記録。ほかにも洪水による人的被害は書き留めていない。

吉野川の源は、大台ヶ原。わが国一の多雨地帯だ。明治以後、大台ヶ原では、伊勢湾台風以上か、それに近い降雨量の記録が何回かある。川には流域全体の雨水が集まるから、一地点の雨量が直ちに洪水の規模に結びつくわけではないが、1923年の台風では、伊勢湾台風の倍以上の一日降雨量があったのに、大きな被害は出ていない。伊勢湾台風の時、川上村高原で58人の犠牲者が出たのは、山崩れのためだった。大雨ではあったにしろ、伊勢湾台風の洪水は、戦中、戦後の森林乱伐が関係した、との見方が以前からあったが、筆者は、結局、両者の関係を示す資料、証言などには出合えなかった。この急流・吉野川が（大雨による）「増水は出水までの時間が遅く、又減水までの時間の長いのが特性であった」（青木滋一『奈良県気象災害史』1956年）のは、以前の水源地の森林の安定を語っているようにも思えるのだが。

雨の後の水かさが高くなったという話とは逆に、吉野川の普段の水量は減った、という証言もある。

橋桁のすぐ下の橋脚に伊勢湾台風の洪水が運んできた流木の跡が残る美吉野橋（大淀町北六田―吉野町六田）

川上村入之波の北岡藤吉朗さんは吉野川の水源地を流れる北股川も「昔に比べ50センチは水位が下がった」と言う。大淀町下渕、柳谷京和さんによると「子どものころに比べると３分の１」。半分になったと言う人もいた。国土交通省和歌山河川国道事務所では「流量はデータでは30年前とそう変わっていない。緩やかに流れていたのが河川改修で速くなり、減ったように見えるのかもしれないが」と言う。水が減った、という話は、滋賀県などの川でも聞いた、という担当者もいた。

堤防が築かれてから新町に水害の心配はなくなったが、河崎眞左彌さんからは思いがけないことを聞いた。「景観が悪くなった。中段以上の土盛りは削ってほしい。そう思う人は新町でほかにもいる。堤防が造られなくても自分はほかに移ることはなかっただろう。吉野川を１８０度見渡せる場所はほかにないから。水害がいやだと転居した人はいない」。古い記録に垣間見える川との付き合いと重なる。住んでいない者に言えることではないが、こんな声があることも紹介しておきたい。

山林と保水力・山のベテランは語る

川を見れば、山が見えてくる。

山林が水を保ち、土砂崩れも防ぐことはよく知られている。分解された落ち葉の層や、森林がつくったすき間が多い表面の土壌は雨水をとどめ、徐々に川に流出させる。水は地下にも浸透しやすくなり、より長い時間をおいて渓流に出る。土壌が水を浸透させる能力は、林地は草地の2倍、裸地の3倍という調査結果もある。落ち葉層は雨の直撃から表土も守る。木の根は土砂を抱えて崩落を防ぐ。その力と土壌のすき間は、一般的に大きな木ほど多くなる。樹木が地中の水を根で吸い上げ、葉から放出する「蒸散」は、若い木より老木のほうが少なく、針葉樹より広葉樹のほうが少ない。木は種類によって葉の形や大きさ、根の張り方も違う。

このような構造を持つ山林の「保水力」とは、降った雨水を徐々に出し、流量をならす働きのこと

急流のわが国の川のダムに土砂の堆積はつきものだ。天川村の川迫ダム（2006年4月）

だ。霧が若干、付着する以外には、森林が水をつくることはない。保水力の仕組みは複雑で、広葉樹林と針葉樹林の違いにもなお論議がある。比較には条件が似ていて、まとまった広さの森林が必要だ。地質の違いも大きく影響する。

山仕事のベテランたちが、体験の中で、森林と保水力の関係をどう感じてきたのか、聞いてみた。その中に、難しい保水の問題を考える糸口があるのではないか、と思ったからだ。

半世紀以上、山で働いてきた川上村柏木、辻谷達雄さん「夏に天然の広葉樹林に入ると、ヒヤーッとして外との湿度差を感じる。人工林とは林内の水分が違う。成長した人工林も間伐し整備したら、ひょっとしたら、保水力は変わらんかもしれんが。林の中に光が入って草、灌木が生えると水を保つ。手入れせず林内が暗いと下草も生えない」。一方では、次の体験もした。「終

台風の後、増水した吉野川（2004年10月、五條市で）。平常時の穏やかな川とは表情が一変する

戦前、地区の各戸が引水している水源地で150年生の杉3ヘクタールを皆伐《かいばつ》した。その跡には苗木を植えたが雨が降ると谷川が濁り、日照りが続くと枯れて水争いになった。30年もすると安定して水が出るようになり収まったが。杉、ヒノキの根は5年で腐るし、落ち葉がなくなると表土が流れる」

　川上村森林組合長、南本泰男さん（1940年生まれ）「1965年ごろ、川上村白屋で120～130年の木15ヘクタールを伐採したら、えらいもんや、夕立の時は出水がすごく増え、雨が降らないと谷の水がなくなった。木は主に杉だった。杉、ヒノキも保水力がある。昔は菜種梅雨《なたねづゆ》では、川は増水しなかった。今はする。人工林60％のこの村の山林も保水力があった。広葉樹、針葉樹の差は結論が出ていないのではないか」。山は立体だから、地表面積は地図上の広さの3～4倍になる。

山と木に詳しい2人が語った、森林を伐採するとすぐに保水力がなくなった、という現象の仕組みは、よくわからない。伐採、搬出作業による表土の攪乱とその後の雨による土流出の影響もある、という林業関係者もいた。皆伐はまとまった量の木材を確保でき、伐採、搬出のコストも下げられるが、程度の差はあっても、山腹の崩れを伴う。

一方、役場に入る前、山で働いた元川上村助役、上田雄一さんは「広葉樹林のほうが保水力がある。落ち葉が腐葉土になり、広葉樹の後に針葉樹を植えるとよく育つ。針葉樹の後は山がやせている。広葉樹は根も長く、ケヤキも樹高より長く張る」と言う。

現在では、保水力が大きい森林は、中核となる大木があり、大きさと樹齢が異なるいろんな種類の広葉樹・針葉樹で成る林、というのが通説と言っていいようだ。

かつて吉野川では、中流では晴れていても、上流からいきなり増水してくることがあった。これを流域では「まくれ水」と呼んだ。下市町新住、今井清三郎さんの体験は、生々しい。まくれ水に出合ったのは子どもの時の「水泳時分のころ」だった。「初めは薄茶色に濁った水がじわじわと10センチくらい増え、岸辺の木の葉やごみが流れてきたが、10分余りすると突然、50～60センチの段差がある波が押し寄せた。1メートルの段差を見た人もいる。まくれる（転がる）ように寄せてくる。気づいたら、釣りをしていてもビクを放って逃げた。波が来る前はアユでもウグイでも何でもよく釣れるんや。増水は一瞬だ。こちらはいい天気で、上流にも雲は見えなかった。波が出る日は朝からザワザワとした東風が吹く。父は知っていて『今日は雨が降らんでも水が出るかもしれんぞ』と言っていた。自分が小学2～3年の時、出る前には、40～50代だったおじさんが、一斗缶を叩きながら『まくれ水が来るぞ』と言って回ってくれた。昼の2時ごろ、弟とハエジャコ釣りをしていたら、先におじさんに気づいた4歳上の姉が手をつないで逃げてくれたこともある。上流のほうで小学生が中州に取り残されたが助かった、と聞いたことが1回あったが、水害とか人が流されたという話は聞いていない」

広い範囲に降った大雨による増水より引きが早いのもまくれ水の特徴だった。「雨の後は友釣りができるささ濁りになるのに4日ほど、水位が元のようになるのに1週間かかったが、まくれ水は4～5日で下がった。毎年のようにあったと思う。朝、出勤の時に増水しているので『夜の間にまくれ水があったんやな』と思ったことがある。自分は10回以上出合った。堰にためた水で筏を流した時には本流は20センチも上がらない」

まくれ水は、水源域にまとまった量の雨が急に降った時に出たようだ。「今は大迫ダムができているからなくなった」から発生源は大迫ダムの上流の山地だった。

五條市新町、河﨑眞左彌さんも、祖父から「上流で急に雨が降ったら水が石とともに一挙に来る」と言われたが見てはいない。

まくれ水は源流のどんな状況を示していたのだろうか。

水源地と都市・分断越える連携を求めて

川は、水源地の森から河口までの一つの生命体だが、人間の都合で分断されてきた。明治以降の縦割り行政による山林との分離はその一例だ。それは今も河川行政に尾を引いている。両者は一体、との認識は、古代からあった。奈良時代の『古事記』『日本書紀』の神、スサノオは、洪水を治め田を守った意味を持つ、とされる八俣《やまた》の大蛇《おろち》退治神話の英雄であり、『紀』には杉、ヒノキなどの木をつくり、その子が種をまいてこの国を「青山」にした、という話もある。治水、農業と山林はスサノオを中心に重なる。

時代は下って江戸時代。17世紀中ごろから全国で洪水記録が多くなる。岡山藩の家老もした熊沢蕃山（1619～91）は著書『集義外書』で、当時、盛んになっていた塩田と焼物の燃料にするための森林伐採を「山林を尽くす、山林は国の本」と批判。草木の生え茂る山は土砂を川中に落とさず、大雨でも草木が水を含んで十日も二十日もかけて川に出るから洪水の心配がない、と指摘した。同書には、淀川のほか「紀伊の若山（和歌山）の河口」などに砂が堆積し、舟の通行が不自由になった、との記述もある。

幕府も開発の規制に乗り出す。寛文6(1666)年2月、「山川の令」(「山川掟」)を下し、「近年草木の根までほりとるにより。風雨のとき川中に泥砂流れ。出水路渋滞すれば。今よりのち草木の根ほりとるべからかず。上流左右の山樹木なきは。今春より苗木をうへ。泥土流れ落ざるやうになすべし」と命じた。山川の荒れに直面した時、当時の為政者も、日本人の伝統的な知恵を思い出したのだ。

近代に入り、森林と河川は、明治14(1881)年の組織改革で行政上の担当が分かれた。河川行政内にも分断があった。同29(1896)年制定の河川法は、治水重点だった。同法は1964年の改正で利水も目的に取り入れ、また「水系一貫管理制度」を導入した。しかし、川を水源から河口まで一体のものとして捉える「水系一貫」の思想は、前記のとおり、わが国の伝統的な治水に関する考え方であり、明治の初め、ヨーロッパの近代的な技術を取り入れるため政府が招いたオランダの治水技師、デレーケも提唱していた。それが縦割り行政のなかで放置されていたのだ。彼は、日本の川の急流を見て、平地の本国では必要がなかった、水源治山の重要性も強調している。河川法は1997年の改正で「環境の整備と保全」も河川管理の目的に加えた。ただし「河川区域」は、水が流れる部分など、いわゆる〝川〟に限られ、山林との分離はそのままだ。

現在、吉野では水源地と都市、上下流間の分断を越えようという動きも出ている。契機は長引く木材不況だ。それまでは、下流・都市側から「保水、環境のため森林を守れ」という声が出ると山村側

和歌山市が川上村の源流域に開いた「市民の森」で森林の手入れを体験する市民たち（2005年10月）

からは「自分たちの財産だ」という反発も出ていた。吉野中央森林組合専務の坂本良平さん（1954年生まれ）は、吉野町の持ち山3ヘクタールに、実がなり紅葉が美しい広葉樹を植えてきた。「都会の人に森林の楽しさ、木の魅力を知らせて交流し、木を切り植樹して循環させることが林業、と知ってもらいたい。不景気で林業と山林保全のバランスが崩れている。町の人の支援が大事。いろんな山林所有形態を検討する時期だ。交流で都市、下流からの支援に進めばという期待もある」と言う。「前は山を切るなと言われると反発もしたが今は違う」とも。広葉樹を植えるのは「1998年の台風7号の強風により木が倒れたり折れる被害が出た時、吉野の人たちが昔から自然に配慮した適地適木を進めてきたことに気づいた」ためもある。

手入れができず荒れた人工林を整備しなおす事業などに充てる2006年4月実施の県森林環境税は「あり

がたい。下流の納税者から整備などに意見が出ても当然のこと。きちんと説明して交流のきっかけに」と受け止めている。

はるかな山々

深い山々には人間を圧倒する厳しさがある。一方、ふもとの里山には、自然と人が互いに働き掛けるなかで形成された林が広がっている。クヌギ、コナラなどの落葉広葉樹が主体の「雑木林」は、人が薪炭をとり、肥料にする落ち葉をかき集めているうちに成立した。人の利用に都合がよく、それに耐えてきた林だ。一種の人工林だが、鳥などの動物、灌木、草も多く、人間にも魅力的な〝自然〟である。林業で生活してきた吉野川の源流地域では、里周囲の山にも杉、ヒノキを植樹してきた。この林を切り出した跡には草や低木が生え、それらはその後に植えた杉などの苗木が生長して陽光をさえぎるようになるにつれ姿を消す。植えた木を切り出すのは、現在では１００年以上後。森林は人の営みを受けて形を変え、山村の人々は、それに応じて利用法も変えてきた。

都会に住む人たちには、このような関係も、分かりにくい面があるようだ。都会の人たちが、山村

人気の山菜、イタドリが生えるのはこんな開けた所。多くは人間がつくった環境だ

のことを理解するには、自分たちには分かっていないところもあると認識していたほうが近道だ。源流の村・川上の人たちの話を聴いていてそう思った。

入之波は吉野川の最上流。北岡藤吉朗さんは、ここで生まれ育ち、15歳の時から山で働いた。好きな場所に奥山の天然林を挙げる。「この奥の三之公は紅葉がいい。芽がぽっとふくらんだころ、新緑が風にそよぐころも好きだ。うっとりとして何もかも忘れる」

山菜は季節感を楽しむとともに保存もした。「イタドリは熱湯につけて皮をむき水にさらす。油いためや天ぷら、炊き合わせにした。昔は干して保存した。塩漬けは四国から山仕事に来た人が伝えた新しい方法だ。1年はもつ。ワラビ、コゴミ、ゼンマイも干している。タラノメは天ぷら、ミソあえにする」

北岡さんは「山菜が、昔に比べると少なくなった。フキ、ワラビ、ゼンマイにイタドリも。長い林業の不景気で木を切らなくなったからだ」と言った。山菜は自然の恵み、と考えている人には意外かもしれない。北岡さんの説明を続ける。「どれも太陽の光が当たる所に生えるから原生林の中では見ない。雑木林にも木が大きくなるとない。やはり多いのは、杉、ヒノキの人工林を全部伐採（皆伐）した跡だ。植林した後、14～15年までは木が小さく山菜はよく上がる（成長する）が、大きくなり日陰になると消える。今は材木が安く、木を切らないから日が当たる場所ができなくなった」。人気があるタラノメは「伐採跡や抜けた所（土砂崩れ跡）、道端に生える。一昨年も昨年もだめだった（取材は2000年）。自分の20代には邪魔になるくらいあったのに。日当たりがいい場所は春、芽が出るのも早い」

多くの山菜には適している場所が、一見〝荒地〟のように見えることは珍しくない。

山菜が道沿いなど人が入りやすい場所で減ったのは、取り方の問題もあると指摘する。「道端にフキがあると私らは大きくなるまで残すが、都会から来た人は見つけ次第、小さくても採っているようだ。タラノメも上から2～3番目の芽までは摘んでも来年また芽が出るが、それ以上採ったり、最近は柄の付いた鎌で木ごと切っているので木そのものが枯れている。地元の人間は、来年の利用を考えるが、都会の人は根こそぎだ」。そんな都会人に「ごみをポイ捨てするのと同じ心」を見る。

都市住民との交流を進める柏木、辻谷達雄さんは下流、都市の山村支援を求めながらも、特に、杉、ヒノキの人工林と天然林の扱いについて、次のようなずれを感じることがあると言う。「木を切るこ

辻谷達雄さん（左、ムギワラ帽の人）と「達っちゃんクラブ」参加者

とが即自然を破壊することにはならない。天然林は人が手を加えないことが守ることになるが、人工林は間伐して手入れしないと維持できない。特に密植する吉野では、間伐しないと根も貧弱な細い木ばかりになって、水と土を保つ力も失われ危険になる。切れば雇用もつくれる。環境のために杉、ヒノキも伐採はだめだと言われると山村は飯が食えない。間伐した山を見せたら分かってもらえるが」

　近年、坂本さんのように「人工林は、植え、育て、伐採して利用し、循環させるものだということを、都市の人に認識してもらおう」という動きが、林業者の側から出ている。

　山に入ると「マムシに注意」と書いた札を見かけることがある。山菜荒らしの防止などには、効果があるのだろう。もちろん、山にはこの毒蛇がいるし、地元の人が「あそこには多い」と言う場所もあるのだ。

辻谷さんは、山仕事を請け負う会社を設立し経営してきた。山の学校「達っちゃんクラブ」を主宰し自然観察指導員、「森と水の源流館」の館長でもある。人が恐れるマムシも、単なる動物性たんぱく質か、遊び相手でしかなかった。

マムシは、卵を胎内でふ化させ、夏の終わりごろ、子を産む。珍しい卵胎生のヘビである。

「雌は梅雨ごろから7月いっぱいは卵を持っている。袋の中に小指の先ぐらいの黄色い卵が5～6個つながっている。白身はなく全体が黄身だ。とろ火でとろとろと焼いて食べたらあんなにうまいものはない。ゆがいた鶏卵の黄身のようだ」

マムシ取りは山仕事の楽しみの一つだった。「若いころ、仲間と草刈りをする時は醤油を持って行き、1人が『マムシを取った』と言うと皮をむき、人数分だけポンポンと切って醤油を付けて食べた。小骨が多いが、生臭いことは一つもない。一度食ったらやめられない。身は白い。マムシは昔から食べていた。ほかのヘビは悪いことはしないから食べたことはない。マムシを取るのは人に危険だからだ。マムシが近くにいると山椒のような臭いがする」

この毒蛇の利用法には、マムシ酒もある。「ビンに2週間入れて汚物を出させ、水を入れ替えて35度の焼酎を入れる。10年間、暗いところに保存する。昔は土の中にいけた。何ともいえんにおいで強いて飲みたくはないが、風邪に効く」

マムシ相手の遊びには、スリルもあった。「タオルを出すとかみつくから、思い切り引くと牙が抜けている。マムシは跳びつく、とも言うが、どのくらい跳ぶのかは知らない。その前に殺してしまうから。頭を切り落としても杖でつつくとかみつく」

おおらかでワイルドな山の世界だ。山に入ったこともない都会の人は、ギョッとするかもしれないが。もちろん、川上村の人、皆がマムシを見れば取って食おうとしたわけではない。「達っちゃんク

川上村が公有化した下多古村有林。わが国最古の人工林の一つ。中央が盟主的な杉の巨木。林の中にいると聞こえるのは梢を渡る風の音、遠い鳥の鳴き声ぐらいだ

ラブ」を担当している川上村生まれの伊藤愛さんは「山行きの人（山仕事をする人）の話としてなら、抵抗はない」と言った。山村でも、里から山に入れば、時には死を伴う仕事に従事する猛き男たちの世界だ。17～18歳から山で働き、細い木橋の上を木馬で2・1トンの材木を運んだ杉本充さんは「筏1000床で人一人の犠牲が出ると言われていた」と話していた。

川上村は1994年、伐採が計画されていた下多古《しもたこ》地区の杉、ヒノキの民有林約3700平方メートルを村有化した。杉の390年生が3本、250～290年生7本、ヒノキの250年生43本がそびえ立つ（2006年現在。ヒノキは2005年、森林保全のため9本を間伐している）。植林されたのは江戸時代の初め。わが国最古の人工林の一つと見られている。最大の杉は高さ53メートル、胸高直径172センチ。木立の中でたたずむとせわしい現代の時の流れが止まったようだ。杉本さんは、杉の種を採るため高さ40メートルの樹上をロープに下がって渡る。怖いもの知らずのようだが、「あの森には一人で行ってはいけない。木が迫ってくる。あの森に行くと怖い、と話した女の人もいた」と言う。

辻谷さん、杉本さん――半世紀以上、山仕事に関わってきた2人は「山には不思議なことがある」と同じことを言った。

「達っちゃんクラブ」の喜家村玲子さんは、1988年に川上村に来るまで、大阪府堺市、奈良県生駒市、横浜市などで暮らし、都会を離れたことはなかった。「団地っ子で、堺で過ごした小学生時代は、光化学スモッグのため外で遊べない時期だった」。大阪市内の高校に進学。天文部に入り「天の川を見たいとずーっと思っていた」のに星は街の明かりに隠され「仕方なく天体望遠鏡で通天閣の看板をながめていた」。短大でテニスクラブに入り長野・野尻湖で合宿した時、初めて天の川を見た。「雲みたいだった」。大阪・中之島で会社勤めをしていた時には「アスファルトばかりで、人間はこんな所でも暮らせるのかと思っていた」そうだがいざ、川上に住んでみると「ここの自然は未知の世界だった」ことを痛感。家の中に侵入したムカデにも初めて出合い、幼かった子を守ろうと「目覚まし時計で１時間も押さえ続け、腕がパンパンになった」体験もした。今、喜家村さんは「ここが自分の古里の景色になった。もう都会では生きられないと思う。たまに大阪に行っても長居はできない」と言う。クラブの人気に「辻谷さんに案内してもらうと安心できる。山に入りたくてもなかなか入れないから」という都会人の思いを見る。「緑の中にいると落ち着くし、みんな仲良くなれる。みんな、山に戻ってくると思っている」。仕事は町の人間と村との仲立ち役だが、視点は山村の側にある。

２００５年５月、小雨の中をクラブで村内の蜻蛉《せいれい》の滝に行った時、まだ小さい３人の子どもを連れて来ていた大阪市内に住む30代の主婦は「ここに来ると森が水を保っていること、水が大切なことを実感する。日常生活ではなかなかそこまでは考えない」と話していた。

再び源流の村から・下流のために水を守る

吉野川の源、川上村は大迫、大滝の2ダム建設で約490世帯が村外に転出した（2006年2月現在）。木材不況はこの日本一の高級杉材産地も直撃。現在（2007年）の人口約2100人は、1955年の約4分の1だ。厳しい状況下の源流の村で、下流のために水を守ろうとする人たちがいたのは意外だった。しかもきっかけは、過疎化に拍車をかけたダムだったのだ。

同村入之波、北岡藤吉朗さんの元の家は、1973年完成の大迫ダム湖の底になった。「補償で家は建てたが、山奥でも活気があった古里が過疎に、とダムには反感があった。その後、働きに出た村の『木工の里』で責任者が子どもたちに水の大切さ、森林と水の関係、ダムがないと都会は水不足になると説明しているのを聞き、反感は消え、源流の者として水をきれいにして供給しよう、山を大切にしようと思うようになった。自分だけでなく地域全体がそうなった。恥ずかしい話だが、それまで水は山から自然に出るものと思っていた。汚れた水も何げなく川に流していた」

大滝ダム下手の同村西河、梅本伸子さん（1941年生まれ）は、2005年度まで村婦人団体協会長を務め、有用微生物群（EM）での環境浄化運動を進めてきた。始めたのは1990年ごろ。

川上村「水源地の森」の奥は厚い緑色のコケの谷。ここは谷が合流し山中でもやや開けた所だ

「琵琶湖の赤潮の話を聞き、大滝ダムができるとたまった水だから、今までのように何でも川に流していたら、何年か先には害が出ると思った」。個人としてダムの恩恵は受けていない。EM石鹸は合成洗剤より割高だが「これからの子どもたちのため。損得ではない。何もせず、後になって環境が悪くなっていたら親たちは何をしてくれていたのか、と思うだろう」と思いを語る。

1996年、「川上」の名が付く全国6町村が出した「川上宣言」第1項は「かけがえのない水がつくられる場に暮らすものとして、下流にはいつもきれいな水を流します」とうたった。担当した村企画財政課長、坂口泰一さん（1952年生まれ）は「自分たちの覚悟を述べたもの。下流の共感は期待したが、即、具体的な反応があるとは考えなかった」と言う。2003年8月、河口の和歌山市は村と「吉野川・紀の川水源地保護協定」を結び、村が借りた神之谷地区三之公の伐採跡で同市の「市民の森」1ヘクタールを開いた。2005年10月にも公募した市民20人らが森の手入れを体験。町暮らしの人たちには、慣れない急斜面での伐採、植樹作業はきつかったようだ。地元の人が植樹現場は整地してくれていたが、和歌山市婦人団体連絡協議会環境生活部長の山路留子さん（1933年生まれ）は「山仕事は初めて。水源地に来て山村の人の苦労が初めて分かった。こんなにしてもらっているから水が使えるとつくづくと思った」と話していた。「ここに来て水が愛しくなった」と言う女性参加者もいた。

坂口さんは「協定は向こうから言ってきた。時間はかかったが一つの成果」と喜ぶ。

これまでの河川対策は、降った雨は早く海まで流す、治水、利水のためにはダムを造り、増水は堤防で防ぐ、だったと言ってよいだろう。以前、ダム建設関係者から「ダムの寿命は100～80年。ダム本体は、補強すればそれ以上保つが」と聞いたことがある。次の、さらに次の世代に残すべき川を考えると、ダム湖の堆砂の問題だけを取り上げても、これまでの考え方の射程はいかにも短い。しっかりした森林があっても土砂の流出が完全に止まるわけではないが「ダム建設とその上流の森林の保全をセットにしておけば、堆砂が減り、ダムは長持ちして、土砂搬出などの維持費も安くなったはず。パルプの原料にした木だから、建設当時に買っていたら高くはなかっただろうに」とは現在、川上村の住民から時に聞く話だ。堆砂を運び出すのに必要な石油は限りある資源だ。山林と川とを切り離し

吉野川の柳の渡し（吉野町六田）で水垢離を取る行者。悠久の流れは大自然と一体化し心身の浄化、蘇生を願う修験道の大峯奥駈道の北側の起点

て考えることは非現実的である。森林が育つには長い歳月が必要だ。人工林の場合だが、吉野では「三代前から山をつくる」と言ってきた。

現在、全国の山村で経済的な柱は公共土木事業だが、国の財政は厳しく「このやり方がどこまで続けられるのか」という不安も山村で聞く。吉野でも、それに代わる支えは見つけられていないのが現状だ。むしろ、林業の不況のなかで「そんなものがあるのか」という諦めに似た声が広がっている。「源流の村」は今後、山村が生きていくための一つの足掛かりになり得るのではないか。自立し、森林を守れる山村は、下流・都市にとっても必要なのだ。今、下流・都市側では川、水源への関心が広がってきたようだ。山村側でも、下流側の支援、協力を求める声が増えている。現在は、山林の保全の在り方や上流側と下流・都市との協力関係について、両者の共通認識をつくるチャンスのようにも思える。水源地の荒れと下流のドブ化は、川を収奪的に利用し、人間生活の後始末を押し付けている点で同根だ。都会の住民が水道の蛇口をひねるとその向こうに水源地・上流を思い浮かべるという関係は、夢のようだが、それを目指すことは、後世への責務である。

アユら、川の生き物たちは、自然は総合的に、一体のものとして受け止めないと本当の姿は見えてこない、と私たちに語りかけている。川の在り方を考えるには、少なくとも１００年単位の長い時間のなかに置いてみる必要があることも。

最後に、杉本充さんに森に案内してもらった高校生が、会話の中で「インディアンのことば」だと引用した「大地は我々のものではない、我々が大地のものなんだ」という言葉を紹介しておきたい（人の森プロジェクト編著『森の人、人の森。』ウェッジ）。これは、日本人も伝統的に親しんできた自然観ではないか。

【主な参考・引用文献】

御勢久右衛門編著『大和吉野川の自然学』トンボ出版
沼田真監修、水野信彦・御勢久右衛門著『河川の生態学　補訂・新装版』築地書館
宮地伝三郎著『アユの話』岩波新書
宮地伝三郎・川那部浩哉・水野信彦著『原色日本淡水魚類図鑑　全改訂新版』保育社
小島貞男著『おいしい水の探求』NHKブックス
秋道智彌著『アユと日本人』丸善ライブラリー
日本林業技術協会企画、中野秀章・有光一登・森川靖著『森と水のサイエンス』東京書籍
東三郎監修、高谷清二編著『砂防学概論』鹿島出版会
『大和下市史』下市町教育委員会
『五條市史　新修』五條市役所
武田祐吉校註『萬葉集』角川書店
武田祐吉訳註、中村啓信補訂・解説『新訂　古事記』角川書店
坂本太郎・家永三郎・井上光貞・大野晋校注『日本書紀』岩波書店
高橋勇夫＋東健作『ここまでわかった　アユの本』築地書館
滋賀県立琵琶湖文化館編『湖国びわ湖の魚たち』第一法規出版

アユと日本の川

2008年4月10日　初版発行

著者　栗栖健
発行者　土井二郎
発行所　築地書館株式会社
〒104-0045　東京都中央区築地 7-4-4-201
☎03-3542-3731　FAX 03-3541-5799
http://www/tsukiji-shokan.co.jp/
振替 00110-5-19057
組版　ジャヌア 3
印刷　明和印刷株式会社
製本　井上製本所
装丁　今東淳雄 (maro design)

　ISBN 978-4-8067-1364-7 C0045

著者紹介

栗栖健（くりす たけし）
1947年生まれ。広島県出身。少年時代、夏は朝から暗くなるまで川につかり、魚たちの習性をからだで覚えた。早稲田大学法学部卒。毎日新聞記者。戦後の食糧難の記憶から、農業さらには、農耕と自然との関係に目を向ける。都市の水道水がのどを通らなかった経験から川について地に足をつけて考えたいと1999年、吉野川が流れる奈良県五條市に転勤。以来、つり人などからアユの話を聞き集め、これからの世代に伝えるべき清流・吉野川も全国の川と同じ課題をもつことを知り本書をまとめた。